匠人精神

刘新◎著

中国纺织出版社有限公司

内 容 提 要

所谓“匠人精神”，就是执着于某一件事情，努力将其做到极致。新时代的企业员工也要有匠人精神，要拥有积极向上的正能量，拼搏奋斗，成就卓越人生。

本书结合了在专业领域内有所成就的匠人事迹，从内涵、品质、方法、创新等多方面全方位地对“匠人精神”进行了诠释，从而对现代企业和员工进行精神指引和指导，希望读者能在本书的协助下取得事业成功。

图书在版编目（CIP）数据

匠人精神／刘新著．--北京：中国纺织出版社有限公司，2021.9 （2024.4重印）
ISBN 978-7-5180-8395-4

Ⅰ．①匠… Ⅱ．①刘… Ⅲ．①职业道德 Ⅳ．①B822.9

中国版本图书馆CIP数据核字（2021）第040811号

责任编辑：张 羽 责任校对：王蕙莹 责任印制：储志伟

中国纺织出版社有限公司出版发行
地址：北京市朝阳区百子湾东里A407号楼 邮政编码：100124
销售电话：010-67004422 传真：010-87155801
http://www.c-textilep.com
中国纺织出版社天猫旗舰店
官方微博http://weibo.com/2119887771
北京兰星球彩色印刷有限公司印刷 各地新华书店经销
2021年9月第1版 2024年4月第2次印刷
开本：880×1230 1/32 印张：7
字数：131千字 定价：59.80元

前言

相信无论是谁，都知道一点：个人是国家、社会、集体的细胞，个人的精神态度决定了企业的生存和发展，乃至整个民族的兴衰。因此，现代企业越来越重视企业文化的凝聚、员工综合能力和素质的提升，重视员工精神凝聚力，也是很多长寿企业生存与发展的基石。

我们发现，全球寿命超过200年的企业（截至2013年），日本有3146家，为全球最多，德国有837家，荷兰有222家，法国有196家。为什么长寿企业扎堆这些国家，这是一种偶然吗？它们长寿的秘诀是什么呢？

答案就是：他们都在传承着一种精神——匠人精神。

那么，何为“匠人”？即手艺工人。由单纯的手工经过铁杵磨针的历练，在重复执着于一件事时把专注、思考带入其中，久而久之，水滴石穿。

我们以日本为例，日本企业员工向来有“匠人”的称谓，这恐怕要与他们精细的工艺挂上钩——一生只做一件事，把这事做到极致便是“匠人”。据日本银行数据统计，截至2010年8月，日本的百年企业共22219家，创业超过1000年历史的企业有7家，超过500年的有39家，超过300年的有605家。匠人精神在日本的企业员工中得到了淋漓尽致的体现。

在日本，匠人们对自己的工作有着近乎神经质般的追求。他们对自己的出品要求几近苛刻，对自己的手艺充满骄傲甚至自负，对自己的工作从无厌倦并永远追求尽善尽美。如果任凭质量不好的产品流通到市面上，这些日本匠人会将之看成是一种耻辱，与收获多少金钱无关。这正是当今应当推崇的匠人精神。

所谓“匠人精神”，其实就是指匠人具有专注、执着、细致、耐心、坚守、创新、精益求精等品质。“匠人”就是把“匠人精神”的内核融化在血液里、铭刻在内心中、落实在行动上，并作为信仰去坚守、作为志向去追求、作为境界去修炼、作为准则去遵循的人。

当下，我们的国家鼓励企业和员工培养精益求精的匠人精神，因为“玉不琢，不成器”，品质永远是产品的灵魂，我们的企业需要匠人精神，我们的时代需要“匠人精神”，国家更呼唤“匠人精神”。但“匠人精神”不是一句口号，而应该成为每个员工的气质，具体到一个人在工作中的表现就是脚踏实地、爱岗敬业、一丝不苟、精益求精、用心设计，把产品当成工艺品去对待，对职业敬畏、对工作执着、对产品负责。

在当今这个以创新为主流的互联网时代，“匠人精神”有了新的定义，我们开始追求“创造”，而不再只是简单的“制造”。但无论是企业的发展还是我们从“制造大国”向“创造大国”的转型，都需要每一个人的努力，只有当每一个人都成为一流的匠人，个人才会有好的发展，我们才能做到企业强、国家强。

想要培养“匠人精神”，你可以以本书为学习指南，研习本书中“匠人精神”的培养方法，从这些方法中去寻找自己最需要的品质，并把它们运用到生活和工作中去。久而久之，你就自然而然地具备了“匠人精神”。一个人只要具备了专注、敬业、务实、创新、坚持、责任这些品质，那么，你的人生和事业也就成功了。

作者

2020年12月

目录

第 01 章

匠人精神，就是一心一意雕刻出最完美的作品

任何一个企业，都是由个人组成的，员工的工作态度，直接关系到企业的命运；反之，企业的发展也关系到员工的发展，我们的国家需要“匠人精神”，企业更需要“匠人精神”。所谓“匠人精神”其实就是指匠人具有专注、执着、细致、耐心、坚守、创新、精益求精等品质。“匠人精神”是一种态度、一种追求、一种宝贵的精神财富。“匠人精神”是一种对事业自觉的追求，动力源正是来自内心深处对事业的热爱，也是一份责任和担当。每一个现代企业的员工，都要爱岗敬业，让自己成为新一代有魅力的匠人。

信仰的觉醒，从爱上你的工作开始

曾经有一则名为《致匠心》的广告，其中有几句话让人难以忘却："人有情怀，有信念，有态度，所以没有理所当然，就是要在各种变数可能之中，仍然做到最好。"简单的几个字眼——情怀、信念、态度、最好，就是我们在现代社会推崇的"匠人之魂"。

那么，何为匠人之魂?

在回答这个问题之前，我们不妨先问问自己："我为什么要工作？""工作的价值到底在哪里？"也许，正是因为我们对这两个问题没有做过深入的思考，所以才会出现这样的状况：经常抱怨工作烦、多、累，抱怨薪水低，抱怨领导苛刻等，究其原因，很多人对工作价值的认识仅仅停留在赚钱谋生的层面，用钱来衡量自己的劳动价值，因而会斤斤计较，而忽视了工作所带给我们的快乐价值，对社会的贡献价值。

"工作很痛苦"，其实更多的是我们的内心在消极暗示自己，我们自己把自己放在了痛苦的工作位置上。造成这样的心理，原因应该是自身信仰或信念的缺失，使我们的心性变得浮躁，而这样的心性决定了我们的行为，影响了我们对待工作的态度，导致了我们的工作价值观产生了偏差，爱上了抱怨。试问，在这样的心态之下，能产生高尚的情怀吗？没有良好的情怀，怎么能有执着的、追求完美的工作态度呢？“用信仰累积生命的厚重”，因此，我们可以说，匠人之魂，源于人的信仰，信仰决定了人的情怀，情怀决定了人的态度。

那么，如何追求匠人之魂呢？首先，我们要对工作产生热爱之情，才能专注于手头工作，才能将其做到极致，才能不断精进，才能积蓄成功的力量。成功一定要靠努力，但是并非努力了就一定会成功。认真做一件事情才能做好，用心做一件事情才能成功。一个人只要有了“匠人之专”的精气神，就能专心致志做好一件事情，也就具备了成为优秀匠人的潜质。匠人精神是激活生命价值的动力源，并能成就卓越的人生。

对于现代企业的员工来说，事实上，无论你从事哪一行业，热情都是成就一番事业的动力。蒂夫·鲍尔默说：“我想让所有的人和我一起分享我对我们的产品与服务的激情，我想让所有的员工分享我对微软的激情。”卡耐基说：“除非喜欢自己所做的工作，否则永远无法成功。”无论做什么，成功始于源源不断的热忱，一个人只有愿意做某件事，才会全身心地投入，才会珍惜自己的时间，把握每一个机会，调动所有的力量去争取出类拔萃的成绩。

一次，股神巴菲特受邀到纽约哥伦比亚大学给学生做演讲，当他被问及他为何能取得成功时，他说：“我与在座的各位并没有什么不同，如果非要说有的话，那就是我每天都在做自己的喜欢的事。”

不得不说，很多人投资是为了赚钱，是一种工作，但巴菲特却将其看成一种乐趣，他的乐趣不只是能赚很多的钱而已。在他看来，赚钱并不是人生的终极目的，做自己喜欢做的事，才是他毕生的追求。

也许令你感到更为诧异的是，身为股神巴菲特的长子，霍华德竟然是一位农民。霍华德对农业的兴趣，源于他在非洲的一次经历。

有一次，霍华德到非洲出差，正当他准备拍摄迁徙中的斑马和羚羊的时候，突然看到贫穷的农民放火清理土地，并在地上留下一片烧焦的痕迹。之后，霍华德领悟到，要保护非洲的生态环境，就得先解决广大人民的粮食问题，从此，他知道自己该做什么了。

对于儿子的选择，巴菲特不但不反对，反而大力支持，因为在巴菲特看来，喜欢的就是最好的，能够从事自己喜欢的职业，那就是一种幸福。为了表示对儿子的支持，巴菲特特意为他买了一座农场，让儿子能够实现自己的梦想。

世间大多数的人，每天都在忙忙碌碌地做着自己不愿意做的事，过着自己不情愿过的生活，他们要为家庭奔波，为工作拼搏，有时还要说些违心的话，办些违心的事。也许，向生活妥协之后，他们变得富有，可是不能做自己想做的事，他们的人生真的快乐吗？

的确，无论做什么事，“热爱”才是最大的动机，只有热爱，才会产生意愿、努力、成功。年轻人，从现在起，去做你喜欢和愿意做的事情吧，那么，你会自然而然地产生积极性、作出努力，就能在最短时间内进步。

任何一个有所作为的人，在他们的成才历程中，兴趣都对他起到了巨大的、不可替代的作用。当你热爱你的工作的时候，你的工作就不单是一种劳动，更是一种娱乐。你可能因为看一部电视剧而24小时不睡觉，你可能因为一个游戏几天几夜不合眼甚至不吃饭，归根结底，那是因为你热爱，所以你投入。

反过来，现代社会，每个公司都需要一些对本职工作热爱的员工。如果你正在为自己还是平凡岗位的一员而抱怨的话，请调整自己对工作的态度，如果你从现在开始热爱你的工作，不论多平凡的岗位，你也会有不俗的成绩。热爱自己的岗位，做个快乐工作的人吧。

要知道，世界上没有卑微的工作，只有卑微的心态。如果你以麻木的态度对待工作，就是亵渎了自己和自己的工作。要热爱自己的工作，这是成功的起点。在喜欢自己工作的情况下，即使做得再累，也往往不会觉得辛苦。事实上，当一个人真正喜爱自己的工作时，他根本就不觉得是在工作，而是在享受自己的工作。

“成就一番伟业的唯一途径就是热烈地爱自己的事业。如果你还没能找到让自己热爱的事业，那就继续寻找，不要放弃，跟随自己的心，总有一天你会找到的。”因此，热爱你的工作吧！一个人所从事的工作，是他获得幸福的源泉，是他的理想所在，是他对待人生态度的体现。工作将填满你的大部分人生，人生唯一能获得真正满足的方法就是——做你相信是伟大的工作，而伟大的工作是你所热爱的事业。我们可以从工作中释放自己的热情、释放自己的能量、释放自己的智慧，来获取一份快乐，一份成功！

一流的匠人，一生只做一件事

我们都知道，人生短暂，须臾即逝，正因为如此，我们才要趁着短暂的人生做出一番事业来，这样才能活出属于自己的精彩。可见，一个人拥有怎样的人生，很大程度上取决于这个人的人生态度。倘若把人生看成是可消磨的无聊时光，那么人生的确太过漫长和难熬；如果把人生的每一分钟都看得充实，那么人生就会变得更加丰满厚重。

实际上，人生归根结底是短暂的。对于想把每件事情都做好的人而言，他们最终会发现人生苦短，短到如同白驹过隙，只能做好一件事情。倘若一个人过于贪心，总想把人生中的每件事情都做到极致，那么最终的结果就是每件事情都做不好。这就像是学习，一个人总要术业有专攻，才能做出属于自己的成就。相反，倘若一个人把有限的时间和精力分散到学习的各个领域中，则最终不但无法做到学有所长，还会使得各个方面的学习都毫无特色可言。这样的人生看似比百无聊赖充实很多，但只是瞎忙、穷忙，并无成就。

日本是一流的匠人之国，据统计，在日本的420余万家中小企业中，就有超过十万以上的百年老铺企业，这些企业之所以百年传承、经久不衰，其原因主要在于几十万名匠人的支撑，他们都是一流的匠人，他们身上彰显的就是“匠人精神”，这是一种境界，摒弃了私心杂念，沉浸在职业化状态之中。

在这些匠人身上，他们一直坚持一点信条——一生只做一件事。数学大师陈省身也说：“一生只做一件事。”细想下来，古今中外凡有成就的科学家、画家、音乐家等，莫不是将全身心投入到所热爱的一件事中，几十年如一日，持之以恒，不断探索追寻事业的极致，不断完善充实自己的人生，最终在自己的领域颇有建树，享誉天下。

现代企业中，作为一名员工，我们也要执着于对事业的信念和担当，用心去做，追求精益求精，坚定打造不朽之作的坚强理念。一生只做一件事，就是在对我们所从事的事业的深入探索和精研细磨中成就自己的人生。人生无需设定这样或那样的多个目标，只需以“咬定青山不放松，立根原在破岩中”的执着，以大国工匠的悠然定力和沉静若水的卓绝心智做好一件事，足以。

在日本的一家工厂，有一位工人，拥有初中学历。

他的上司总是对他说：“这事要这么做。”无论上司说什么，他总是一一记下，生怕漏了什么。每天，他的话都不多，总是埋着头在做他自己的事，双手粘黑，额头流汗。无论上司布置什么任务，他都日复一日，不厌其烦地认真完成。在工厂里他毫不显眼，一直默默无闻，但从无牢骚，也从无怨言，兢兢业业，孜孜不倦，持续从事着单纯而枯燥的工作。

20年后，这位上司来工厂看望他，没想到这个默默无闻、只是踏踏实实从事单纯枯燥工作的人，居然当上了事业部部长。关键是，令他惊奇的不仅是他的职位，而且在言谈中他体会到，这位工人已经是一个颇有人格魅力、且很有见识的优秀的领导。“取得今天这样的成就，你很棒！”

的确，这位工人看上去毫不起眼，只是认认真真、孜孜不倦、持续努力地工作。但正是这种坚持，使他从平凡变成了非凡，这就是坚持的力量，是踏实认真、不骄不躁、不懈努力的结果。

在这个喧嚣的时代，不但生活节奏越来越快，工作压力越来越大，人们对于人生中很多事情的态度也变得如同对待快餐一样，恨不得马上解决。殊不知，人生之中很多收获必须经历时间的沉淀。就像有些菜品急火快炒好吃，有些菜品必须小火慢炖一样。人生也是如此，对待不同的事情必须区别对待，这样才能做到有针对性，也能起到事半功倍的效果。

一生只做好一件事情，有些人也许觉得这是浪费人生，殊不知这其实是人生的幸运。事情在于精而不在于多，当我们穷尽一生把一件事情做到极致，也就足够青史留名。诸如获得诺贝尔奖的莫言和屠呦呦，他们一个专攻文学领域，一个专攻化学领域，最终都能够在全世界青史留名，也能够让后来世世代代的人们都记住他们，这是多么大的成就和荣耀啊！新东方教育集团的董事长俞洪敏，在创业之初也曾面临过很多机会和选择。然而，他坚定不移地决定走好教育这条路，因为他深信这就是他毕生的事业，也愿意集中所有的精力把这件事情做好。最终，新东方在全国范围内家喻户晓，不得不说俞洪敏的选择是明智而又正确的，他也的确得到了回报。

需要注意的是，一生只做好一件事情，尽管听起来简单，真正想要把这一件事情做好也并不容易。我们首先要确立人生的终极目标，并且始终牢记目标，不忘初心，才能避免半途而废，也不会因为那些不相干的事情分散精力。否则，如果把有限的时间和精力无限地分散，最终人生就会毫无成果可言，我们的人生也会距离梦想和成功越来越远。

做感兴趣的事，厨师也可以成为作家

在日常生活和工作中，无论是谁，可能都会问这样一个问题：我们如何成就自己？对此，《道德经》记载："九层之台，起于累土；千里之行，始于足下。"《中庸》中也说："行远必自迩，登高必自卑。"因为人的手小，一次只能抓一把土，只有日积月累，才能"积土成山，风雨兴焉"（《荀子》）。在积累核心能力阶段，从点滴做起，找到感兴趣的点，专心致志把这点做深，就是匠人精神。大国需要匠人精神，在大国中有价值地存在，就是要把自己打造成匠人。只有拥有岗位核心能力，才会具有岗位胜任力，才能放心地存在。

其实，大到国家，小到个人，都要有匠人精神，在现代企业中，作为员工更是如此，一个标准的工匠，应该技术上追求极致，精神上耐得住寂寞。而这所有的动力，都来自那颗“兴趣之心”。

人，没有了兴趣，你会享受所做之事吗？没有了兴趣，你还能坚持到底吗？没有了坚持，你会成功吗？当然答案是一样的：不会！兴趣是动力，坚持成就专业，所谓匠人精神，无非就是把感兴趣的事一点点做深。

而在我们的周围，有一些人在人生发展的道路上，却把命运交付在别人手上，人云亦云，盲目跟风，他们忽视了自己的内在潜力，看不到兴趣的强大作用，甚至不知道自己到底需要什么，不知道未来的路在哪里，于是，他们浑浑噩噩地度过每一天，甚至在充满各种诱惑的社会浪潮中迷失了自己。但如果你能准确地定位自己，认清自己，看到自己的兴趣，那么，你就能充分挖掘到自己的内在动力，朝着这个方向努力，你就能做回自己，充分发挥自己的价值。

因此，我们每个人都要做到真正探秘自我，找到自己感兴趣的事。当然，无论做什么事，最怕的就是蜻蜓点水、不求甚解。生活中，一些年轻人兴趣爱好广泛，但却做不到精益求精，这又怎么能真正让兴趣发挥作用呢？可见，兴趣不应该只是对事物表面的关心，更需要我们不断培养，不断参与，并贵在坚持！

刚开始，哈里仅仅是一名美国海岸警卫队的厨师。偶然的一个机会，他为同事代劳了写情书这件事，然后他开始逐渐喜欢上了文字写作。

有了浓厚的兴趣，哈里开始给自己制定目标：花1~3年的时间写一本长篇小说。说干就干，他马上行动起来，每天不间断地写东西，不知道疲倦，把写好的文章寄发给各大杂志报社，希望能够得到别人的认可。

八年之后，哈里有一篇仅有600字的作品终于在杂志上刊登了。然而，他对此并没有灰心丧气，希望能在这件事上坚持到底。工作退休后，他每天坚持写作，稿费很少，他的欠款却越来越多。虽然这样，哈里依旧怀揣着当初喜欢写作的心情，朋友们表示不理解，纷纷劝导："请忘掉作家梦吧。"甚至还帮他介绍了一份工作。不过哈里却说："我需要不停地写作，因为我依然喜欢，且我想成为一名真正的作家。"

四年之后，哈里的小说《根》终于面世，当时引起了很大轰动，光是在美国就发行了530万册，并且获得了普利策特别奖。后来，这部小说还被改编为电视剧，有超过13000万的观众看过这部电视剧，在当时创下了电视剧收视率的历史最高纪录。

最终，哈里成为了著名作家，一艘美国水警部队舰艇也以他的名字命名。

从哈里身上，我们可以发现，兴趣能对一个人的成长、个性发展乃至人生路途产生很大的作用。然而，并不是每个人都能让兴趣发挥如此巨大的作用，兴趣的产生也不是与生俱来的，它是在学习、活动中发生和发展起来的。

为此，我们若想找到自己真正的兴趣所在就必须做到：

1.你可以从培养自己的好奇心开始

生活中，我们经常会遇到一些未知的事物，很多人对这些未知事物都采取一笑置之或者漠然的态度，而实际上，这正是培养我们兴趣的关键部分：没有好奇心，就没有探求的欲望，也就谈不上兴趣。比如，你看到美丽的彩虹，或许会产生好奇：为什么会出现彩虹呢？真的是天女所为？要消解这些问号，就需要你进一步查看相关书籍，了解这些知识，兴趣的开端也就这么产生了。

2.你需要保持持续的热情

有些人的确有好奇心，但总是三分钟热度。比如，你喜欢弹琴，但持续不了一个月，这样，即使你再有天分，你的弹琴技巧肯定会不进反退。可见，要培养一份兴趣，就要保持持续的热情，每天进步一点，你就会把这一兴趣变成生活习惯，长此以往，自然会有所提高。

我们很多人一直在孜孜不倦追求所谓的事业，其实，做“事业”与做“事”没有质的差别，只有量的差别。一个人要发现自己感兴趣的领域，使自己成为该领域的专家，才会对别人有价值，才能成就你的事业。

奥普：铸造极致，方能独占鳌头

提到匠人，在我们的记忆里，似乎总有流不完的汗水、磨不完的耐心，好像每天都重复着同样的工作，却又能变出各种各样精致的作品，不花哨，却饱含实力。而如今，生活节奏越来越快，科技飞速发展，巷子里的匠人再难寻觅，匠人精神也越来越被珍视。

快节奏的生活，使人们变得越来越浮躁，然而，追求极致的匠人精神依然在很多成功的企业和员工身上得到淋漓尽致的体现。比如，杭州奥普就从未在产品上有过一丝一毫的懈怠，追求极致也是它成功的密码。这份极致除了对科技的追求，还有对产品几百次的检测，不放过一颗螺丝钉，才能有我们现在家里用了很多年都不出问题的奥普制造的产品。那么，奥普的背后究竟有怎样的实力？

现在，我们来细细探究一下奥普科技的力量：

1.静音室

这个静音室的分贝只有20分贝，怎么理解这个20分贝呢？举例来说，我们听到的街道上的鸣笛声为80分贝，而打个响指的分贝是56分贝，而20分贝相当于我们的心跳声。

奥普浴霸噪声分贝则是在55分贝之内，而国际标准是≤69分贝，而能够让产品达到合适的分贝，能让人的生活更宁静安心。

专业测评机构——太平洋评测曾对奥普宝宝浴霸进行评测，显示工作中的奥普宝宝浴霸换气为48分贝，也就是室内谈话的级别，不会干扰到人们的生活。

2.风量室

风量，指的是风发出的地方到送达的地方，风输送了多少，而空气性能装置测试的就是这一点。

国家浴霸风量测试标准是≥$1.6m^3/min$，而奥普的浴霸风量在$3.2m^3/min$，形象点来说，就是如果卫生间的面积是$4m^2$，不到三分钟整体换气一次。假如你在卫生间吸烟，那么，不到三分钟的时间，卫生间的空气将会重新换新。

而太平洋评测的数据为风暖模式下的风速为7.86m/s，已经达到和风级别，浴霸最重要的取暖功能，奥普已经接近极致。

3.暗室

暗室主要用于快速测量筒灯、球泡灯等小型灯具的空间光强分布、空间色度分布及各种光度参数的分布光度计。

LED平板灯，国家标准要求≥62Lm/W，而奥普LED平板灯实际测试为≥85Lm/W，远超于国家标准。

频闪的灯会对眼睛造成伤害，影响视力。美国电气和电子工程师协会（IEEE）1789–2015标准是照明频闪要求全球最高标准，而奥普所有平板灯都满足该标准要求。

4.阻燃实验室

阻燃就是阻止燃烧。

通过阻燃实验，很明显，在同样的条件下，如果换成其他的材料，那么可能已经燃烧殆尽了，而奥普的材料即使达到了750度高温，依旧没有燃烧，这是一大安全屏障。

在浴霸的检测上，最主要的检测方面有：安规、性能、可靠性和关键零部件。安规是基础，任何产品，这一关过不了，不可能出厂销售；产品性能是品牌企业最基本的要求；奥普产品必须经过苛刻的可靠性试验来保证产品的使用寿命；关键零部件是产品的核心，企业要经过严格的把关来保证产品的性能及寿命。

奥普的实验室是国家级别的，从验收、监督到检验产品，都是运用了一流的科学技术，真正做到为产品负责，为客户负责。另外，奥普实验室是行业内首家获得中国CNAS认可的实验室，拥有许多一流的检测设备。

奥普真正向我们诠释了什么是追求极致的匠人精神，其实，不只是企业，作为个人，也要在日常工作中秉持这样的精神，世界首富比尔·盖茨在其学生时代就有一个信条：在一切事情上，不屈居第二。他的同学回忆说："比尔不管做什么事情都要弄它个登峰造极，不到极致决不甘心。"

这种要成为杰出者的欲望，盖茨在小时候就已经表现出来了。他的同学曾回忆说："任何事情，不管是演奏乐器还是写文章，除非不做，否则他都会倾其全力花上所有的时间来完成。"

盖茨读四年级时，老师布置了一道作业，要学生写一篇四五页长的关于人体特殊作用的文章，结果，盖茨一口气写了30多页。又有一次，老师叫全班同学写一篇不超过20页的短故事，而盖茨却写了100多页。

任何人的成功并不是没有道理的，作为一名员工，工作的意义不应只是为了钱，也许一些人不认同这样的观点，但我们要认识到，把工作做到极致是一种标准，严苛却有意义，它会助你成长，最终成为令人尊敬的人，这就是一种成功。

稻盛和夫：像锥子一样，集中全部力量达到极致

日本匠人向来有“匠人”的称谓，恐怕这要与他们精细的工艺挂上钩，一生只做一件事，把这事做到极致便是匠人。为此，日本京瓷公司为我们诠释了什么叫“匠人精神”。

刚开始，京瓷公司规模很小，不满百人，并且，这家公司最初还是一家乡村工厂，但早在那个时候，稻盛和夫就和员工一起立下了“要将这家公司发展为世界一流的公司”的宏伟志愿。“尽管这还是一个遥远的梦想，但我内心有个强烈的愿望，就是渴望实现梦想并证明给大家看。”稻盛和夫在自己的书籍《活法》中写道。

不难发现，那时候的稻盛和夫的眼界是高的，并且接下来的很多年内，他不仅坚持自己的梦想，更是把自己的梦想融入了实际行动中。他和他的员工一样，在现实中的每一天，都在竭尽全力踏实重复简单的工作。为了继续昨日的工作，他们不得不挥洒汗水，一毫米、一厘米地前进，把横在眼前的问题一个个解决掉，时间就这样在看似微不足道的工作中度过了。

可能一些人会问：“每天重复同样的工作，哪年哪月能成为世界一流的公司呢？”的确，在创业的过程中，稻盛和夫屡

受打击，经历过失败，但他认为，人生只能是“每一天”的积累与“现在”的连续。“此刻的这一秒钟聚集成一天，这一天聚集成一周、一个月、一年，等发觉时，已经站在了先前看上去高不可攀的山顶上。这就是我们人生的状态。”

对此，稻盛和夫认为，这就类似使用锥子的行为。锥子是一种通过把力量凝集在最前端的一点上，高效达到目的的工具。这个功能的核心就是“集中力”。无论是谁，只要像锥子一样，集中全部力量在一个目标上，就一定能成功。

所谓集中力，是根据思考能力的强度、深度、大小产生的。在决定做一件事情时，首先要有憧憬。这个想法有多强烈、究竟能够持续多久、如何认真地开展工作，这些都是决定事情成功与否的关键。

每天每日，持续过好今天这一天，这个观点在京瓷的经营中无时无刻不体现出来。京瓷公司创建至今，从来不制订长期的经营计划。当新闻记者们采访稻盛和夫的时候，经常提出想听一听他的中长期经营计划。而当他回答“我们从不制订长期的经营计划”时，他们便觉得不可思议，露出疑惑的神情。

不过，稻盛和夫的话是真的，那么，他为什么不建立长期计划呢？他认为，生活中，有些人说自己能预见未来，这当然是谎言，也会失败。因为无论我们对于未来的预计多么精细，都无法将一些不可知因素囊括在内，在遇到一些问题时，就不得不改变计划，或者对其进行相应的调整，甚至在某些情况下，我们需要无奈地放弃预期的计划。

从经营者的角度看，如果频繁更改、放弃计划，那么，从下属和员工的角度看，他们就会认为，反正没有什么计划是真正列入章程的，他们便不会把它当回事，他们的工作热情也自然会降低。

另外，关于目标大小的问题，设置的目标越大，那么，为此付出的努力自然也就越多，但更多现实的问题是，如果设置的目标太大，那么你会发现，目标始终遥遥无期，你难免会泄气，而对于接下来的努力，估计你也只会应付过去。因为从心理学的角度来看，如果达到目标的过程太长，也就是说，设定的目标过于远大，往往在中途就会遭遇挫折。因此，我们发现，与其中途作废那些不切实际的目标，不如一开始就不要建立。

这就是稻盛和夫的观点。自京瓷创业以来，他只用心于建立一年的年度经营计划。三年、五年之后的事情，他认为，谁也无法准确预测，但是这一年的情况，应该大致能看清，不至于太离谱。为此，稻盛和夫忠告每个现代企业的员工，不要有太多的空想，而要专注于眼前的工作。在生活中的多数情况下，对枯燥乏味工作的忍受和含辛茹苦，应被视为最有益于人身心健康的原则，为人们所乐意接受。阿雷·谢富尔指出："在生活中，唯有精神的肉体的劳动才能结出丰硕的果实。奋斗、奋斗，再奋斗，这就是生活，唯有如此，也才能实现自身的价值。我可以自豪地说，还没有什么东西曾使我丧失信心和勇气。一般说来，一个人如果具有强健的体魄和高尚的目标，那么他一定能实现自己的心愿。"

的确，成功者之所以成功，就是因为在专注的过程中，经过了沮丧和危险的磨炼，才造就了天才。总之，你要记住，在对有价值目标的追求中，坚忍不拔的决心是一切真正伟大品格的基础。充沛的精力会让人有能力克服艰难险阻，完成单调乏味的工作，忍受其中琐碎而又枯燥的细节，从而顺利通过人生的每一个驿站。

第 02 章

打造匠心品牌，企业先要有正确的方向和态度

我们都知道，企业是由员工组成的，企业的方向就是员工的方向，企业的态度决定了员工的态度，我们要求员工做到认真专注、精益求精，首先企业要有正确的方向和态度，企业存在的意义绝不能只为了利润和效益，而要用诚信、品质积累信誉，要用社会责任打造匠心品牌，这样的企业才能具备竞争力，才能经久不衰。

帅康："砸"出来的信誉和品牌

在中国的家电行业，梦想做品牌的企业不在少数，但能坚持下去的企业却不多，而能坚持下去又创造辉煌品牌的企业更是寥寥无几。浙江的帅康便是这廖廖无几中的一个，帅康不仅创造了自己在烟灶市场神话般的辉煌，更创造了一个让整个行业为之赞叹的高价值品牌。邹国营，从乡村小厂的普通职工、销售员逐步成长，26年大智大勇、创业创新，实施战略转型，把帅康一手打造为中国厨卫业的第一品牌；更重要的是，他提出的"中国芯"理念，带领帅康打起"中国标准"的大旗，捍卫了厨卫企业"中国创造"的荣耀。

邹国营从一个出身于农村贫寒家庭的穷小子，到如今的"抽油烟机大亨"，他的成功验证了努力在改变人生轨迹中的重要性。同时，他深知信誉对于企业发展的重要性，也深知"吃得苦中苦，方为人上人"的道理。正因如此，几乎没有任何业余爱好的邹国营，将自己的大部分时间与精力都放在了"帅康"上面。

邹国营出生在一个典型的贫苦农村家庭，为贴补家用，9岁就跟父亲进山敲石子、熬夜纺草绳。1973年，20岁的邹国营进入父亲工作的历山五金厂。在这个乡镇企业里，邹国营度过了人生最宝贵的十年，也凭借自己的聪明和干劲，上演了力挽狂澜的救厂神话，作为这个濒临破产之厂90%订单的创造者，邹国营积攒了自己上升的台阶。

1984年，历山五金厂的经营再次出现滑坡，乡镇府于是决定从五金厂中分出一个新厂专门生产调谐器配件，工作业绩突出的邹国营被大家推选为新厂厂长。

简陋的新厂建好后，生产什么却成了邹国营苦恼的问题。“那段时间总也睡不好觉，”邹国营说，“有一天，已经到了凌晨两点多，我突然想到了抽油烟机，当时顿时觉得眼前一亮，我马上起身来到厨房。”邹国营认定，抽油烟机一定会有市场。

1993年5月18日，“帅康”牌抽油烟机在邹国营的工厂正式投产，邹国营从此踏上了一条新的创业之路。

然而，为了保证产品的质量和信誉，他曾两次“砸”机：

第一次“砸机”是砸抽油烟机。那是在参加完1993年广交会后，由于喷塑设备调试不当和技术操作失误，一批价值18万元的帅康抽油烟机主壳出现了喷漆不匀的问题。虽然这一小问题不仔细分辨根本看不出来，但邹国营在得知此事后立即找来一把榔头，让生产这批产品的员工把产品砸掉。从那时起，追求质量零缺陷的意识在员工们心中扎下了根。

第二次“砸机”是砸电机。1995年，为“帅康”生产配套电机的工厂在用料上以次充好，邹国营得知后当即指示工厂质检部、供应部领导到该电机厂进行突击检查，将价值20万元的不合格电机全部封存。这20万元在当时来说是那家电机厂老板的全部家当，该老板向邹国营求情，邹国营为对方开了两个

“药方”：一是敲坏电机、全部报废；二是中止合作。那个老板最终选择了与“帅康”继续合作，并当场砸毁了不合格电机。此后，该电机厂的电机质量稳步提高。“这件事也让其他配套企业明白了质量是‘帅康’的高压线，谁也碰不得。”

邹国营自豪地说：“这两件事的实际价值肯定是大过形式的，绝不是仅仅表演给别人看。‘帅康’能有今天，和我们在产品质量上精益求精息息相关。”

两次“砸机”确实震撼人心！邹国营的创业故事中，两次“砸机”虽然让他蒙受了一定的经济损失，但他获得了更长远的发展。邹国营深知信誉危机对企业发展的杀伤性。因为信誉危机的发生总会不同程度地影响到企业的形象，从而降低企业在利益相关者心目中的地位，影响到企业正常的生产经营活动，威胁到企业的既定目标的实现，严重的将导致企业破产倒闭。

现代企业的管理者，应当从中有所领悟，在企业的发展中，最重要的不是一时的小利小益，而是信誉。为了赢得信誉，我们可以适时放弃眼前的利益，这是一种懂得取舍的智慧。

企业存在的价值绝不能仅限于对利益的追求

企业存在的意义是什么？对于这一问题，有人认为无非在于追求利润最大化。可是，如果仅为了获得利润就创办企业的话，实在是有点小题大做了，直接投资股票或房地产，也可以取得不错的收益。企业的存在绝不仅限于对利益的追求。仔细想来，企业是一个由上至CEO、下至基层员工共同组成的大家庭。这个大家庭存在的意义，就是要确保每一个家庭成员——员工都能过上安稳且幸福的生活。为了每个员工能够拥有更加富裕的生活，企业应该付出最大的努力。

企业奉献社会不仅是义务，更是为了创造更好的企业生存环境而必须做的事情。致力于为人们创造一个更加富裕的世界——这是乐天在进入韩国市场之初就定下的企业目标。这个时代最成功的企业家之一——比尔·盖茨也曾说："企业应把越来越多的重心放在为更多的穷人提供产品和服务上。在追求利益的同时，要能利用好市场来帮助那些没能够从中得到利益的穷人们，以此改变他们贫苦的生活。"

做生意不应该只是为了赚钱来供自己享受，还要想到要为他人、为社会做些有益的事，这样，才能赢得顾客，公司的形象也才更容易得到社会认可。只为自己打算而得来的成就是很容易失去的，而且，没有坚实的信誉基础，那么你的事业就很难取得进展，很难成功。

无独有偶，日本京瓷公司和日本电信运营商KDDI公司的创始人稻盛和夫就是这样一个心存善念、愿意牺牲自己利益的人。20世纪80年代中期，正是出于打破国营企业电力公司的垄断局面，希望国民能从中享受降低收费的实惠的初衷，他创办了KDDI公司。在创业初期，不可避免地出现了一些困难，但稻盛和夫并没有退缩。但后来，在公司正式经营后，KDDI公司业绩一直遥遥领先于同期参与的其他企业。对此，很多人不解，稻盛和夫的回答是：是希望有益于国民的、无私的动机才带来这样的成功。

自KDDI公司创办以来，稻盛和夫经常为员工强化这样一个观念：“为了国民，把长途电话费降下来吧！”“让仅有一次的人生过得更有意义吧！”“现在我们得到了百年难逢的好机遇，感谢机遇的惠顾，并珍惜机遇吧！”

于是，在KDDI公司，所有员工都心存这样一个志向——工作不是为自己而是为国民，他们都衷心希望事业成功并全身心投入到工作当中去。因此，这家公司不但得到代理店的支持，而且得到客户的广泛支持。

然而，现今社会，做的成功的企业不少，但并不是每家企业都真正意识到自己还承担着社会责任，甚至一些企业管理者认为企业的成功完全归功于自己，而排除了社会因素。实际上，在需要协作工作的今天，已经没有谁可以单打独斗就拥有成功了。独木不成林，一个人的力量是有限的。一个人只有懂得付出，才有回报，这是一条至理名言。只懂得向社会索取，而不懂得奉献的人，迟早是会被社会抛弃的。

为此，现代企业中，作为领导和管理者，要先摆正自己的态度和方向，要多做利于社会的事，并且，在必要时候，应该牺牲一些自己的利益。当然，每个企业的能力大小不同，但可以从身边的事做起，做多社会公益，为社会贡献自己的一份力量。

精益求精，做出最有价值的品牌

当今社会，我们提倡要以匠人精神对待工作，那么，何为“匠人”？即慢工出细活。由单纯的手工经过铁杵磨针的历练，在重复执着于一件事时把专注、思考带入其中，久而久之，水滴石穿。

其实，不只是个人，企业也要以匠人打造出有价值的品牌，而不是将经济利益放在第一位；任何一笔生意，保证产品质量才是前提，只有将把握产品质量关、价格、售后等各个方面结合在一起，才能真正打动客户，才能为企业带来长久的效益。

日本就是一个追求精益求精的民族，且是一个百年企业最多的国家，据日本银行数据统计，截至2010年8月，日本的百年企业共22219家，创业超过1000年历史的企业有7家，超过500年的有39家，超过300年的有605家。

为什么日本多长寿企业？因为他们秉承的就是一种精益求精的“匠人精神”，是一种投注心力而达成的卓越，绝不会用投机取巧的手段谋取短期利益，追求的是一种卓越的品质，是对于社会更加久远的福报。

说到匠人精神，就不得不提日本一家只有45个人的小公司，这家公司生产的并不是什么高科技的产品，而只是我们平常看到的小小的螺母，但就是这一小小的螺母，让这家公司成为世界品牌，成为很多发达国家企业争相购买的产品。

这家日本公司叫哈德洛克（Hard Lock）工业株式会社，

他们生产的螺母号称“永不松动”。其实，按照我们的常识来说，螺母松动是很平常的事，可在一些重大项目中，如果螺母松动，很容易引起事故，而造成人身安全，比如像高速行驶的列车，长期与铁轨摩擦，造成的震动非常大，一般的螺母经受不住，很容易松动脱落，那么满载乘客的列车没准会有解体的危险。

日本哈德洛克工业创始人若林克彦，当他还是一名公司职员时，他参加了一次在大阪举行的国际工业产品展会，机缘巧合下看到了一种防回旋的螺母，于是拿了其中的一些样品回去研究。在研究后他发现，这种螺母是用不锈钢钢丝做卡子来防止松动的，不但结构复杂，而且价格还很高，且还不能保证绝不会松动。

到底该怎样才能做出永远不会松动的螺母呢？这样一个问题让他彻夜难眠，突然在脑中想到了在螺母中增加榫头的办法。想到就干，结果非常成功，他终于做出了永不会松动的螺母。

哈德洛克螺母永不松动，结构却比市面上其他同类螺母复杂得多，成本也高，销售价格更是比其他螺母高了百分之三十，面对这样的情况，他的螺母自然很难卖出去，可若林克彦认死理，决不放弃。在公司没有销售额的时候，他兼职去做其他工作来维持公司的运转。

在若林克彦苦苦坚持的时候，日本也有许多铁路公司在苦苦寻觅。若林克彦的哈德洛克螺母获得了一家铁路公司的认可并与之展开合作，随后更多的包括日本最大的铁路公司JR最终

也采用了哈德洛克螺母，并且全面应用于日本新干线。走到这一步，若林克彦花了二十年。

如今，哈德洛克螺母不仅在日本，甚至已经在全世界得到广泛应用，迄今为止，哈德洛克螺母已被澳大利亚、英国、波兰、中国、韩国的铁路所采用。

哈德洛克的网页上有非常“自负”的一笔注脚：本公司常年积累的独特的技术和诀窍，对不同的尺寸和材质有不同的对应偏芯量。这是哈德洛克螺母无法被模仿的关键所在，也就是明确告诉模仿者，小小的螺母很不起眼，而且物理结构很容易解剖，但即使把图纸给你，它的加工技术和各种参数配合也并不是一般工人能实现的，只有真正的专家级的工匠才能做到。

其实，任何一家企业，都要有哈德洛克螺母的精神，要做到慢工出细活，在产品生产和企业经营中，要充分考虑两个问题：第一，怎么能把产品做到最好；第二，怎么将产品在全世界都打出品牌。匠人精神和企业家精神是照亮现代工业文明的双子灯塔，企业要做到踏踏实实、心无旁骛地做好一个主业，就要专注我们自己的长处、优势，只有专注，才会有百年、千年的企业，不动摇，才会有文化自信。

企业要追求财富，更要看重信誉

有人说，利润是企业的动力，的确，企业必须要赚钱，但不能只为赚钱。要知道，财富创造更是一种社会行为。无论是个人，还是企业，一旦离开社会合作、只注重利益，就无法长远发展，还会丧失很多宝贵的商机，更无法进行现代意义上的财富创造。其中，信誉的积累尤为重要，它是企业拥有商业机遇、信息渠道和业务往来的重要途径。

志高老总李兴浩非常崇尚“财富是美誉度和人脉”的财富逻辑。李兴浩曾受邀为大学生做了主题为《财富·未来》的演讲，会上讲道：“财富是由美誉度、人脉、金钱三个重要部分组成的，一个人一旦拥有了好‘美誉度’，同时又有了良好的人际关系‘人脉’之后，不想成功也都难，自然而然就拥有了以上所说的财富。”

同样，企业也是如此，管理者在经营企业的过程中，一定要秉持信誉第一的原则，即使在信誉和眼前利益冲突时，也要选择前者。

10岁时，山本武信就来到大阪，在一位化妆品批发商的店里做学徒，他在化妆品生意上的经验大多得益于此；同时他还是个眼光独到，且仗义、重诚信的人，因此在生意场上很快有了一席之地。

后来，山本武信转战国际贸易，立志要把生意做到海外去。

“一战”期间，他的出口生意做得如火如荼，如此势头下，他便去银行贷款，备足大量货品，以适应市场需求。

然而事与愿违，“一战”结束后，出口停止，货品立刻滞销，他只好把大量的库存降价出售。然而贷款收不回来，开出去的支票很快也成了问题，虽然尽力挽救，却也回天无力了。就在这时，山本武信不得不宣布破产，把自己的所有财物都交给银行处理，甚至连他太太的戒指和自己的金怀表也交了出去。

在这件事上，山本武信与常人不同，本来按惯例，这种情况下个人是可以保留一些生活用品的，尤其是太太的饰物一类，是可以不动用的，但是山本武信坚持要拿出全部的东西，哪怕是一丁点值钱的东西。

后来银行经理对他说："山本先生，虽然生意失败你有责任，但是战后生意萧条，这也不是你想看到的，我们很了解，可是也不必做到这种程度。你店里的东西，当然你要全拿出来，像这些身边的物品，就不必拿出来了，尤其是你太太的戒指……还是请你拿回去吧。"

对于银行的好意，山本领情，但是依然拒绝了。后来，银行为他的诚信所感动，非但派人给他送去了太太的戒指，而且还给他带去了数额巨大的一笔款，作为无私援助，这是他无论如何都没有想到的，也正是这笔钱使他最后渡过了难关，重新在生意场上站立起来。

品格是世界上最强大的动力之一。高尚的品格，是人性最高形式的体现，同时也是最好的投资本钱，它能最大限度地展现人的价值。

极高的商业信誉对商人事业发展所带来的好处，也是显而易见的，毕竟守信是最有远见的"理性算计"。犹太钻石商海曼·马索巴曾经说过："要经营钻石，至少要制定百年大计，三代人是完成不了的。而且，经营钻石的人须是受人尊敬的人，钻石生意的基础是取得人们的信赖。”也就是说，一定要建立起过硬的商业品牌信誉才行。

其实无论做什么生意，“钻石级”的信誉都是必不可少的。事实上，对于那些经久不衰的企业来说，他们一直将信誉放在企业文化的第一位。

在2006年11月的中国第一份信誉调查报告——中国企业信誉100强中，海尔成为排名最靠前的中国本地企业，在总榜单的第六位。海尔夺得中国外乡企业信誉榜榜首是人们预料之中的事，该品牌在20世纪90年代初就确定了“首先卖信誉，其次卖产品”的理念，恰是从这一理念动身，制定了海尔创世界名牌的战略，成为中国度电行业的巨人。

令人们印象最深的一次事件是砸冰箱事件：1985年，张瑞敏当着海尔集团全体员工的面，将76台带有质量问题的电冰箱当众砸毁。这正是因为他捕捉到了企业正处在急剧上升时期容易面临的致命的质量隐患和危机意识不足的管理信息。正确、及时的信息反馈，带来的“海尔砸冰箱”事件，砸出了海尔员工的危机感和责任感，砸出了一套独特的海尔式产品质量和服务管理理念，保护广大用户利益，“真诚到永远”，使海尔集团由一个青岛日用电器厂小企业成长为今天的跨国集团公司。

海尔和张瑞敏能走上成功之路，都离不开两个字：信誉。不得不说，金钱是商人经济的担保，而品德是信誉的担保。说到经商成功，人们最先想起的常常是智慧、勤奋、机遇等，但你更应当相信，有时是品德在不经意之间决定了一切。

打破思维的“墙”，找到企业前进的方向

现代社会，创新的重要性早已毋庸置疑，爱因斯坦说：“想象力比知识更为重要。”在创新的过程中，最可怕的是想象力的贫乏。可以这样说，人的一切发明与创造都源于想象力。一个人一生的成就，全归功于他能建设性地、积极性地利用想象力。有与众不同的想法，才能有与众不同的收获。同样，现代企业中，企业的生存与发展，也需要创新，我们推崇的“匠人精神”，也绝对不是仿古，而是一种精益求精、锐意改革的精神。

因此，作为企业的领导者，都应该把鼓励员工创新当作管理工作的重要内容。

在《福布斯》排行榜上，盖茨1995年~2007年蝉联世界首富。2008年排名世界第三，2009年又一次成为世界首富。2010年以微弱劣势降至世界第二。2011年9月，比尔·盖茨身家登上2011年《福布斯》“400位最富有美国人排行榜”榜首，这已经是他连续第18年名列榜首富。2012年美国《福布斯》网站发布全美富豪排行榜，软件巨头微软公司创始人之一比尔·盖茨连续19年领跑，净资产660亿美元。

他是一个天才，13岁开始编程，并预言自己将在25岁成为

百万富翁；他是一个商业奇才，独特的眼光使他总是能准确看到IT业的未来，独特的管理手段，使得不断壮大的微软能够保持活力；他的财富更是一个神话，39岁便成为世界首富，并连续13年登上福布斯榜首的位置，这个神话就像夜空中耀眼的烟花，刺痛了亿万人的眼睛。他是微软公司主席和首席软件设计师。微软公司是为个人计算机和商业计算机提供软件、服务和Internet技术的世界范围内的领导者。在截止于2008年，微软公司收入近620亿美元，在78个国家与地区的雇员总数超过了91000人。

比尔·盖茨出生于1955年10月28日，盖茨曾就读于在西雅图的公立小学和私立的湖滨中学，在那里他发现了他在软件方面的兴趣，并且在13岁时开始了计算机编程。高中毕业时，获得美国高中毕业生的最高荣誉“美国优秀学生奖学金”。

1973年，盖茨考进了哈佛大学。在哈佛的时候，盖茨和史蒂夫·鲍尔默为第一台微型计算机——MITS Altair开发了BASIC编程语言的一个版本。

在盖茨以前，几乎所有人都认为只有硬件才能赚钱，比尔·盖茨是第一个看到软件前景的商人，而且“以软制硬”，把其软件系统应用到所有的行业或公司。微软开发的电脑软件的普遍使用，改变了资讯科技世界，也改变了人类的工作和生活方式。人们把盖茨称为“对本世纪影响最大的商界领袖”，一点也不过分。现在，传统经济已让位于创造性经济。美国统计表明，当时只有31万员工的微软公司，市场资本总额高达6000亿美元。麦当劳公司的员工为微软的10倍，但它的市场资本总额仅为微软的1/10。尽管21世纪依然有汉堡包的市场，但其影响和威望，远不能同微软相比。

微软还是第一家提供股票选择权给所有员工作为报酬的公司。结果，创造了无数百万富翁甚至亿万富翁，也巩固了员工的忠诚度，减少了员工的流动。这一方法被别的企业竞相采用，取得了巨大的成功。

微软处处领先，盖茨能成为世界首富，靠的就是创新。要最大限度地发挥人的潜能，就不要受制于自缚手脚的想法。成功者相信梦想，也欣赏清新、简单但很有创意的好主意。

人的可贵之处就在于创造性思维。正如一个哲人所说：“你只要离开常走的大道，潜入森林，你就肯定会发现前所未有的东西。”同样的道理，成功与创新是难以分割的两个方面。一个企业，要想稳占市场，也必须跳出传统守旧的观念、创造新契机。驰誉世界的迪斯尼小路就是这样产生的。企业家不是天生的。他们的经历告诉现代企业的领导者们，创业难，难就难在创新和变革这关，谁能迈得过去，成功之门就会为谁打开。美国管理专家德鲁克曾说：“创新是创造了一种资源。”事物的确也是如此，不破不立，要实现创新与变革的前提便是“破”，也就是淘汰旧产品、旧体质。

一个企业，只有在领导者带领下，做到全体员工不断挑战自我、挑战新目标，做到技术上的精益求精、能力上的不断提高，才能实现整个企业的腾飞。那么，在企业中，作为领导者，该如何鼓励员工创新呢？

1.为企业发展制定一个合理的、吸引人的目标

我们周围有许多人都明白自己在人生中应该做些什么，可就是迟迟拿不出行动来。根本原因乃是他们欠缺一些能吸引他们的未来目标。同样，一个企业领导者只有为企业制定一个合理的、有发展潜能的目标，才能真正把突破与创新应用到现实的管理与经营工作中去。

2.多引发员工思考，鼓励员工提出质疑

思考是提出质疑、发现新问题的前提，也是帮助我们找到真理的唯一途径。许多非常成功的人，都是善于思考的。

3.鼓励员工解放思维

领导者需要告诉员工，人与人之间没有太大的差别，只有思维方式的不同。成功的人为什么成功，失败的人为什么失败？成功者就是因为他们拥有与众不同的思维。因此，如果你能做到摆脱思维的狭隘性，那么，你就具备了成功的潜能。

4.鼓励员工加强技术创新，凸显产品特性

我们可结合消费者需求和偏好，不断研发新技术和改进产品设计，以实现每一款新产品都有不同于旧款的技术卖点和耳目一新的感觉，让对手措手不及，以产品的特色赢得竞争优势，从而使产品获得额外加价，提高其收入水平和盈利水平。

因此，现代企业的领导者们，在创新变革这一问题上，都必须要做到大胆突破、大胆摒弃，否则，只会走别人的老路，而企业创新的根本就是员工思维的创新，在这一点上，我们要在日常工作中鼓励员工多开动大脑，培养员工的创造性思维和创造力。

第03章

匠心独运，解读匠人精神的六大精髓和基本规范

所谓“匠人精神”其实就是指匠人具有专注、执着、细致、耐心、坚守、精益求精等品质，这是“匠人精神”的六大精髓所在，其核心就是精益求精、精雕细琢、坚持不懈、创新进取。简单地说，“匠人精神”就是执着于某一件事情，努力将其做到极致，大到生产高铁、汽车，小到一个螺母、一顶帽子、一个箱包，每一个零部件、每一个环节都要凝神聚力、精益求精、尽善尽美，在质量上的要求近乎苛刻，不允许存在任何瑕疵。现代企业中的员工乃至所有人，也都要把“匠人精神”的内核融化在血液里、铭刻在内心中、落实在行动上，并作为信仰去坚守、作为志向去追求、作为境界去修炼、作为准则去遵循。

精益求精：把99%变成100%

生活中，人们常说“细节决定成败”。马虎粗心是人类性格中的一个缺点，因为马虎粗心而造成不良后果的事件很多。现代企业中的员工，在工作中也应该做到对所有事都认真、严谨，并训练自己缜密的思维，注意细节问题，做到精益求精，才能在未来社会的竞争中立于不败之地。这也是“匠人精神”的重要要求。

一个人，只有踏实努力、努力充实好每一天，把自己的人生态度贯彻到每一个细节中，由量的积累达到质的飞跃，才能将理想转化为现实。

一位父亲告诫他的孩子说：

“无论你以后做什么样的工作，都要做到一丝不苟、认认真真、全力以赴。要是你能做到这一点，你就不必担忧自己没有好的前途。你看这世界上，到处都是散漫、粗心的人，做事善始善终的人是供不应求、深受欢迎的，只有认认真真做事的人才是未来竞争的成功者。”

这位父亲的话是有道理的，一个人的成功并不在于他在做什么，而在于他有没有做到最好、做到位。成功者之所以成功，就是因为他们具备一个品质：专注于一件事并追求极致。因此，我们在学习、生活和工作中应该以更高的标准要求自己，能做到更好，就必须做到更好，能完成100%，就绝不只做99%。

在中国，画坛宗师齐白石也是个做事专注的人，除了画画以外，在雕刻艺术上的精益求精也体现了他这一品质。

齐老先生不仅擅长书画，还对篆刻有极高的造诣，但他也并非天生具备这门艺术，也经过了非常刻苦的磨炼和不懈的努力，才把篆刻艺术练就到出神入化的境界。

年轻时候的齐白石就特别喜爱篆刻，但他总是对自己的篆刻技术不满意。他向一位老篆刻艺人虚心求教，老篆刻家对他说："你去挑一担础石回家，要刻了磨，磨了刻，等到这一担石头都变成了泥浆，那时你的印就刻好了。"

于是，齐白石就按照老篆刻师的意思做了。他挑了一担础石来，一边刻，一边磨，一边拿古代篆刻艺术品来对照琢磨，就这样一直夜以继日地刻着。刻了磨平，磨平了再刻。手上不知起了多少个血泡，日复一日，年复一年，础石越来越少，而地上淤积的泥浆却越来越厚。最后，一担础石终于统统都被"化石为泥"了。

这坚硬的础石不仅磨砺了齐白石的意志，而且使他的篆刻艺术也在磨炼中不断长进，他刻的印雄健、洗练，独树一帜、达到了炉火纯青的境界。

国内某企业老总曾回忆到："在我手下工作的一个工程师很负责任，曾经有一次，他为了拍好项目的全景，徒步走了两公里，爬到一座山顶去拍，将很多景观拍的都很到位，其实在楼上就可以拍到的。当时我问他为什么要这么辛苦，他的回答是：'回去董事会成员会向我提问，我要把这整个项目的情况，尽可能完整地告诉他们才算完成任务，不然就是工作没做到位。'"

的确，无论是做人还是做事，只有做到100%才算是合格，哪怕是99%，也是打了折扣的。我们每个人都要秉着这样的信条："我要做的事情，不会让任何人操心。任何事情，只有做到100%才是合格，99分都是不合格，60分就是次品、半次品。"很简单的一个道理，就拿一壶水为例，烧到99℃，就是温开水，不能产生巨大的动力，而若再加一把火，水就会沸腾，并产生大量水蒸气，而产生巨大的动力开动机器。

因此，要想把事情做到最好，自己心目中必须要有一个很高的标准和严格的要求。并且，在做事时，你一定要按照这个标准来执行，决不能马虎；另外，在做任何一项决策前，一定要思虑周全，并作广泛的调查论证，广泛征求意见，尽量把可能发生的情况考虑进去，以尽可能避免出现1%的漏洞，直至达到预期效果。

总之，在对有价值目标的追求中，追求精益求精的态度是一切真正伟大品格的基础。它会让人有能力克服艰难险阻，完成单调乏味的工作，忍受其中琐碎而又枯燥的细节，从而使他顺利通过人生的每一驿站。

严谨：要有一丝不苟的做事态度

生活中，人们常说“细节决定成败”，而马虎粗心是人类性格中的一个缺点，因为马虎粗心而造成不良后果的事件很多。同样，作为现代企业的员工，在工作中也要做到严谨、认真、一丝不苟，注意细节问题，这样，才能在激烈的职场竞争中立于不败之地。

严谨是“匠人精神”的六大精髓和基本规范之一，是日本工匠最典型的气质，很多日本的传统匠人，他们对自己的手艺，拥有一种近似于自负的自尊心。这份自负与自尊，令这些工匠对于自己的手艺要求苛刻，并为此不厌其烦、不惜代价，但求做到精益求精，完美再完美。

在日本的“匠人”中，有很多，如豆腐师父、三味线师父、蓝染师父、居酒屋老板娘、玩具店师父等传统艺匠，他们的旧式工作方式所具有的情味，人与技艺日日相依，相互扶持走过的年代，令人心生敬意。

对于如何使手艺达到熟练精巧，他们有着超乎寻常甚至可以说近于神经质的艺术般的追求。他们对自己每一个产品、作品都力求尽善尽美，并以自己的优秀作品而自豪和骄傲。而对自己的工作不负责任，任凭质量不好的产品流通到市面上的做法，会被看成是匠人之耻。

不仅仅是日本匠人，古今中外，任何一个在专业领域内有突出成就的人无不是因为严谨的态度。

门德尔松曾将贝多芬的一份手稿公之于众。在这张稿纸上，有一处改了又改，竟贴上了十二层小纸片。门德尔松将这些小纸片一一揭开，发现最里面的那个音符（即最初的构想）竟然与最外面的那个音符（第十二次改写的）完全一样。想当初，我国北宋文学家王安石，曾为一句“春风又绿江南岸”中的“绿”字煞费苦心，也曾设想过几十种方案才最终定稿。正是由于古今中外的杰出艺术家们这种“语不惊人死不休”的创作精神，才使后人欣赏到如此动人的艺术精品。作曲对于贝多芬而言，是一项十分艰苦的工作。贝多芬常常揣着笔记本，在散步时也从不忘记将突发的灵感记录下来。他写作歌剧《费德里奥》时，为其中的一首合唱曲先后拟定过十种开头。人们熟悉的《命运交响曲》第一乐章的主题动机，也曾在他的草稿中出现过十几种不同的构想。

同样，任何一个现代企业得员工，也要有这样严谨的工作态度，要用心做好每件事，这不仅是工作的原则，更是人生的原则。然而，不得不承认的是，生活中，不少人有着马虎的毛病，其实，做事马虎并不是因为你粗心，而是因为你没摆正态度。如果不端正态度，那么这份态度不但要影响你的工作和生活，还有可能给他人的生活带来不幸，给社会带来灾难。“小马虎”从表面上看似乎不是什么大毛病，但若不及时纠正，却可能造成严重后果。

海尔有位领导曾说过：“要让时针走得准，必须控制好秒针的运行。”这句话充分说明了严谨的工作态度的重要性。企业不可只注重大的方面而忽视小的环节，这样企业才能完善自己的管理，创造自己的竞争力，打造自己的知名品牌；个人也是如此，认真是任何人做好一件事情的前提，如果对什么事情都敷衍了事，草草出兵，草草收兵，必然做不好。然而是否重视细节是一种习惯，要形成这种习惯，不能光说不练，要靠平日里的习惯培养，久而久之，你也就有了自我控制的能力，也就能认认真真对待每件事，把每件事都做到位。

古英格兰有一首著名的民谣："少了一枚铁钉，掉了一只马掌，丢了一匹战马，败了一场战役，丢了一个国家。"这是发生在英国查理三世的故事。查理准备与里奇蒙德决一死战，查理让一个马夫去给自己的战马钉马掌，铁匠钉到第四个马掌时，差一个钉子，铁匠便偷偷敷衍了事，不久，查理和对方交上了火，大战中忽然一只马掌掉了，国王被掀翻在地，王国随之易主。

这个鲜明的例子告诉我们一个"细节决定兴亡"的道理。事实上，一个企业的管理与运营又何尝不是如此呢？一个企业就如同一个国家，每个员工各司其职，都起着"兴国安邦"的作用，一个优秀的公司也是由一个个勤勤恳恳、兢兢业业的员工凝聚而成的。

在企业中，员工要做到以严谨的态度工作，就要做到：

1.不要对工作挑肥拣瘦

缺乏勇挑重担的责任意识、拈轻怕重、挑肥拣瘦，甚至将责任推给他人，将矛盾和问题甩给周围的人，都是无法做到认真工作的。

2.要有良好的工作作风和精神状态

我们要始终确立和保持不甘落后、积极向上、奋发有为的精神状态，清醒地认识到自己肩负的责任，切实增强时不我待、只争朝夕的紧迫感，食不甘味、寝不安席的责任感，树立强烈的事业心和进取意识。如果把所从事的工作只当成一个混饭的营生，就很难把“小事”做好、把“细节”抓细。

3.将细节做到极致，要有追求完美的理念

“没有最好，只有更好”，十全十美的事做不到，也不存在，但每一个员工，首先应该有一个追求完美的心态。“取法其上，得其中也；取法其中，得其下也；取法其下，不足道也。”只有与时俱进，以高标准的要求和精益求精的态度，聚精会神抠细节，才能创造卓越的工作业绩。

卓越：无止境地追求让你不断进步

我们都知道，现代企业对人才的要求越来越高。我们任何一个人，都必须要有不断学习和不断进步的意识，即使你在自己的领域内已经有所成就，你也不能骄傲自满。因为一个人一旦满足于自己目前获得的成就，便失去了继续前进的动力，不再追求更高的目标。而在这个竞争日趋激烈的社会，不前进便意味着后退，就可能被无情地淘汰。一旦你停止前进，便会被别人所赶超。

因此，我们每个人都要记住，即使你是第一，也永远可以做得更好。进取是没有止境的，我们永远不要满足于已经得到的，而需要不断地开拓新的领域。

爱因斯坦是个名满天下的科学家，据说有一次他的学生问他说："老师的知识那么渊博，为何还能做到学而不厌呢？"

爱因斯坦很幽默地解释道："假如把人的已知部分比做一个圆的话，圆外便是人的未知部分，所以说圆越大，其周长就越长，他所接触的未知部分就越多。现在，我这个圆比你的圆大，所以，我发现自己尚未掌握的知识自然是比你多，这样的话，我怎么还懈怠得下来呢？"

爱因斯坦让我们明白一个道理：天外有天，人外有人。很多事物的优越性都是相对的，我们所拥有的，永远都微不足道，所以我们没有理由不谦虚一点。

多次登上近几年来福布斯中国富豪榜的南存辉在事业上很专一，从事低压电器制造几十年，已经将企业做到了亚洲第一，但他还是跟记者说："我还没有做到最好，只有把这块市场做到最好了，我才会考虑做其他的。"

日本直销天王中岛薰说过："我向来认为自己最大的敌人就是满足，成功永远只是起点，而不是终点。"百万富翁想当千万富翁，千万富翁想当亿万富翁，亿万富翁想角逐《财富》排行榜。一个越成功的人，对成功的欲望越大。成功是一种行为习惯，一种思维习惯，一个成功的人他习惯于成功，所以他才成功。

拿破仑·希尔告诉我们，进取心是一种极为难得的美德，它能驱使一个人在不被吩咐应该去做什么事之前，就能主动地去做应该做的事。个人进取心是一种激励我们前进的、最有趣而又最神秘的力量，它存在于我们每个人的生命中，就像我们自我保护的本能一样。正是进取心这种永不停息的自我推动力，激励着人们向自己的目标前进。这种内在的推动力从不允许我们“休息”，它总是激励我们为了更好的明天而奋斗。

1997年，美国《家电》杂志公布全世界范围内增长速度最快的家电企业，海尔超过GE、西门子等世界名牌名列榜首；1998年11月30日，英国《金融时报》报道：在亚太地区声誉最佳的公司评比中海尔位居第7，是唯一进入前10名的中国企业……

海尔所取得的这些令人瞩目的成就，跟海尔集团总裁张瑞敏的兢兢业业是分不开的，张瑞敏赢得了世人的无比尊敬。1997年张瑞敏荣获《亚洲周刊》颁发的“1997年度企业家成就奖”；1999年12月7日，英国《金融附报》公布“全球30位最受尊重的企业家”排名，张瑞敏荣居第26位，这是中国企业家在世界范围内获得的最高美誉；2002年9月，张瑞敏荣获国际联合劝募协会设立的“全球杰出企业领袖奖”，是国内唯一获此殊荣的企业家；2004年8月美国《财富》杂志选出“亚洲25位最具影响力的商界领袖”，张瑞敏排名第6位，是入选的中国企业家中排名最靠前的……

虽然张端敏取得了许多可以让他自鸣得意的成就，但他却从不因此沾沾自喜。在取得了卓越业绩之后，张瑞敏竟然说：“如果有丝毫满足，有丝毫放慢观念的更新步伐，海尔品牌将会在一夜之间被淘汰出局。”

成功仅代表过去，如果一个人沉迷于以往成功的回忆里，那就永远不能进步。要想不断进步，就要拥有归零的心态。归零的心态就是谦虚的心态，就是重新开始。正如有人所说的，第一次成功相对比较容易，第二次却不容易了，原因是不能归零。只有把成功忘掉，心态归零，才能面对新的挑战。保持归零的心态，才能不断发展，创造新的辉煌。

美国迪斯尼乐园的创始人沃尔特·迪斯尼说：“做人如果不继续成长，就会开始走向死亡。”进取心塑造了一个人的灵魂。我们每个人所能达到的人生高度，无不始于一种内心的状态。当我们渴望有所成就的时候，才会冲破限制我们的种种束缚。齐白石到93岁才画了600幅画，歌德到80岁的时候才写出世界名著，的确，进取是没有止境的，我们永远不要满足于已经得到的，而需要不断地开拓新的领域。进取心是人类聪明的源泉，它是威力最强大的引擎，是决定我们成就的标杆，是生命的活力之源。

现代社会，我们在工作中要有永不满足的心态。一个阶段的成功要更好地推动下一个阶段的成功。每当实现了一个近期目标，决不要自满，而应该挑战新的目标，争取新的成功。要把原来的成功当成是新的成功的起点，这样才会永远有新的目标，才能不断攀登新的高峰，才能享受到成功者无穷无尽的乐趣。

坚守：耐得住寂寞，经得起诱惑

现代社会，人们追求高效率和快节奏的生活和工作，似乎越来越难静下心来去做一件事，包括我们的工作与事业，心浮气躁，很容易被周围的事物影响自己的状态。其实，任何一种本领的获得、一个目标的达成都不是一蹴而就的，而是需要一个坚守的过程，这也是我们说的“工匠精神”的体现。

自古以来，凡是能够成大事者，他们必须耐得住寂寞，排除外界的干扰。然而，我们不得不承认，现实生活是一个处处充满诱惑，时时会有外来干扰的世界，要维持长时间的、集中的注意力，必须具备一定的自我控制能力，要做到这一点，就要我们做到静心，所以，从某种意义上说，内心是否宁静是我们能否持久专注于工作和学习的前提条件。也就是说，要抵御诱惑，需要我们在努力中保持一份平常心，这样，我们就能对外界的“花花绿绿”“流光溢彩”不生非分之心，不做越轨之事，不做虚幻之梦。

在截至2013年的导演生涯中，李安共获得三座奥斯卡金像奖、五座英国电影学院奖、四座金球奖、两座威尼斯电影节金狮奖以及两座柏林电影节金熊奖。李安是电影史上第一位于奥斯卡奖、英国电影学院奖以及金球奖三大世界性电影颁奖礼上夺得最佳导演的华人导演。

回望李安的成功，就好像一次生活的蜕变，但这个过程中，他付出了巨大的代价。内敛而害羞的李安曾说：“我天性竞争性不强，碰到竞赛，我会退缩，跟我自己竞争没问题，要跟别人竞争，我很不自在，我没那个好胜心，这也是命，由不得我。”这个信命的男人，却以自己强韧的耐心完成了一次生命华丽的蜕变，从一个普通的男人蜕变成为了响彻国际的大导演。

《分界线》是李安导演在毕业时的作品，这一作品为他带来了一些荣誉，但毕业后，他没找到一份与自己专业——电影有关的工作。他只得赋闲在家，靠妻子微薄的薪水度日。那段日子是李安积累和潜伏的时期，妻子养家，他为了缓解内心愧疚，承包了家里的所有家务，比如买菜做饭、带孩子、收拾家等，除此之外，他也不忘继续学习，他每天会进行大量阅读、大量看片、埋头写剧本，他偶尔也会帮人家拍拍片子、看看器材、做点剪辑处理、剧务之类的杂事，甚至还有一次去纽约东村一栋很大的空屋子帮人守夜看器材。在这段时间，他仔细研究了好莱坞电影的剧本结构和制作方式，试图将中国文化和美国文化有机地结合起来，创造一些全新的作品。

后来，李安回忆起这段日子的煎熬生活，依然十分痛苦：“我想我如果有日本男人的气节的话，早该切腹自杀了。”就这样，在拍摄第一部电影之前，他在家里当了六年的家庭主男，练就了一手好厨艺，就连丈母娘都夸奖：“你这么会烧菜，我来投资给你开馆子好不好？”蛰伏了一段时间之后，李安出山了，他开始执导自己的第一部电影《推手》，紧接着，他内心对电影艺术的狂热就好像终于等到了机会发泄了出来，一部接着一部，部部片子都是经典，都为其成功奠定了扎实的基础。

就这样，李安完成了一次生命华丽的蜕变。

这里，我们佩服的是，李安导演因为自始至终对电影业都怀抱理想和希望，所以他能够在家里做了六年的“煮夫”，足见他的忍耐力。就连李安自己也自嘲说：“我想我如果有日本男人的气节的话，早该切腹自杀了。”在那段煎熬的日子里，他不断蛰伏着，就好像蝴蝶在蜕变之前所经历的一切环节，忍受着寂寞与孤独，忍受着枯燥和痛苦，但他终于以自己的耐心等来了那一天，终于，他成功了，虽然，蜕变的代价是巨大的，但他已经忍受了过来，现在的他，只需要轻轻地努力就可以采摘成功的果实，生活对于他，也从来都是公平的。

歌德说：“人可以在社会中学习。然而，只有在孤独的时候，灵感才会不断涌现出来。”由此，我们可以看到的是，如果你想要有所建树，成就自我，那么，在孤独中坚守，在孤独中完善自我，走向成功，是必经之路。一个人，只有依靠自己的力量，脚踏实地顽强拼搏，才有可能达到目标。

专注：凝神聚力做好每个环节

在“匠人精神”的解读中，我们发现，其第一精髓和规范就是专注。的确，“一心不能二用”，专注与执着是成事的关键。而工作中，有这样一些员工中，他们要么目标涣散，要么很容易被分散精力，这样的工作方式多半也是效率低下或者无效率的。

人们常说“一心不能二用”，的确，一个人如果在他心烦气躁，或急于求成，或六神无主的时候，无论如何他也不能把事情做好。要想做好事情，就得专心，有条不紊。人做事应该尽求完美，做一件事就专心致志，那样才能享受到你做完事情的快乐和成就感，而你的心情也会愉快，能力也会相应的提高，心态也会平和起来。如果每件事情都能这样做下去，形成了一个良好习惯，那么你以后做什么事情都可以有条不紊，思路清晰；相反，如果你不是这样，在做这一件事情的时候，心绪不宁，想把它快点做完，但欲速则不达，最后的结果是不但事情没有做好，还心情烦躁、不痛快。如果长期这样，你的做事效率就会越来越差，心态也会越来越浮躁，久而久之，会导致能力衰退的后果。

世界第一CEO杰克·韦尔奇也曾经说过："干事业实际上并不依靠过人的智慧，关键在于你能否全身心投入，并且不怕辛苦。实际上，经营一家企业不是一项脑力工作，而是体力工作。"荀子曾在《劝学》一文中提到："不积跬步，无以至千里；不积小流，无以成江海。"这句话告诉我们重视细节与基础的重要性。生活中的人们，无论你从事什么工作，你都必须从现在起培养自己认真做事的态度。

作为任何一名企业的员工，让自己沉下心来进入角色是非常重要的，越早进入就意味着越早地步入事业的轨道。每天都让自己成熟一些，浮躁之气自然会少下来。

的确，当今社会是一个快节奏的社会，凡事讲究效率，在城市的高楼大厦中，人们都希望在最短的时间内取得事业的成功，然而，任何目标的完成绝不是一蹴而就的，更别说梦想的实现，需要我们付出努力，做到坚持，做到干一行，爱一行，才能在该领域内取得成就。

伟大的发明家爱迪生曾经长时间专注于一项发明。对此，一位记者不解地问："爱迪生先生，到目前为止，您已经失败了一万次了，您是怎么想的？"

爱迪生回答说："年轻人，我不得不更正一下你的观点，我并不是失败了一万次，而是发现了一万种行不通的方法。"

在发明电灯时，他也尝试了一万四千种方法，尽管这些方法一直行不通，但他没有放弃，而是一直做下去，直到发现了一种可行的方法为止。他证实了大射手与小射手之间的唯一差别：大射手只是一位继续射击的小射手。

18世纪早期就读于牛津大学的圣·里奥纳多在一次给校友福韦尔·柏克斯顿爵士的信中谈到他的学习方法，并解释自己成功的秘密。他说："开始学法律时，我决心吸收每一点获取的知识，并使之同化为自己的一部分。在一件事没有充分了解清楚之前，我绝不会开始学习另一件事情。我的许多竞争对手在一天内读的东西我得花一星期时间才能读完。而一年后，这些东西，我依然记忆犹新，但是他们，却早已忘得一干二净了。"

事实证明，任何一个取得成功的人，都是因为他付出了超乎常人的努力。一个人要想获得人生的幸福，那么每一天都应该勤奋工作。付出不亚于任何人的努力是一个长期的过程，只要坚持就一定能够获得不可思议的成就。

在对有价值目标的追求中，坚忍不拔的决心是一切真正伟大品格的基础。充沛的精力会让人有能力克服艰难险阻，完成单调乏味的工作，忍受其中琐碎而又枯燥的细节，从而使他顺利通过人生的每一驿站。

那么，工作中，我们要如何做到专注呢？

1.专注于任务，也就是说“一次仅做一件任务”

在中国大多数公司，人们越来越忙碌。尤其是那些高层领导者，其忙碌的情况，简直不可思议！除了众多的出差外，就是数不清的会议，工作负担愈来愈重，但结果却是毫无贡献的居多。当然真正有生产力的也有，只是寥寥无几而已。其实，仔细分析原因，我们发现，他们同时专注的事情太多了，什么都想做，什么都想管，结果什么都做不好。因此，我们自身要想提高工作效率，就应该从本质上消除“兼顾”的想法，一次仅做一件任务。

当然，这种专注力可以运用到任何其他一件事中，这种能力的形成，其实就是自控能力的逐步养成，如果你能做到在无他人监督的情况下特别勤奋用功或者管住自己的言行，那么，你就是值得尊敬的，你就会拥有真正的自尊心。

2.排除干扰

在你准备做一件事时，请收拾好你的办公桌，关闭手机，关闭电脑的浏览器等，避开那些容易使你分心的事物，你的工作效率会提高很多。

3.动机

明确你办事的动机会有助于加强你的专注力，并且能让你完成任务。你要知道你为什么要去专注于某事，而且要清楚如果你不专注于此事会有什么样的后果。

此外，你可以想象一下，假如你朝着一个方向前进的话，你的生活将会是什么样子的。想象一下你理想中的生活，让它清晰可见并让它时刻浮现在你脑海中。

4.深呼吸

当你开始新的一天时，问自己一个问题："我在呼吸吗？"然后做几次深呼吸；问你自己："我现在感觉放松吗？"如果你的回答是"不太放松"，那么先什么也不要做，然后深呼吸。

为此，任何一名企业的员工，都不要有太多的空想，而要专注于眼前的工作。在生活中的多数情况下，对枯燥乏味工作的忍受和含辛茹苦，应被视为最有益于人身心健康的原则，为人们所乐意接受。阿雷·谢富尔指出："在生活中，唯有精神的肉体的劳动才能结出丰硕的果实。奋斗、奋斗，再奋斗，这就是生活，唯有如此，也才能实现自身的价值。我可以自豪地说，还没有什么东西曾使我丧失信心和勇气。一般说来，一个人如果具有强健的体魄和高尚的目标，那么他一定能实现自己的心愿。"

第 04 章

把工作当事业，真正的匠人是一份工作，做一辈子

我们发现，古今中外，那些在某一领域内有突出成就的匠人们，无不对自己的工作有着执着甚至近乎疯狂的热爱，因为长期从事一项工作需要强大的能量，并做到不断自我激励，要做到自我激励，就需要我们热爱本职工作，热爱是前提。无论你从事什么，只要全力以赴，就能有所收获，有了成就感，就有自信心，也就自然有了向下一个目标努力的积极性。在这个过程的反复中你会更加热爱工作。这样，无论怎样努力，都不会觉得艰苦，最终能够取得优秀的成果。

端正态度，永远不要厌烦你的工作

生活中，我们任何人都要明白一个道理，工作本身占据我们生命中相当大的一部分，从事我们认为具有非凡意义的工作，方能给我们带来真正的满足感，而唯一办法就是去热爱这份工作，并在这份工作中散发自身的人格魅力，这就是我们说的“匠人精神”。如果冷淡的态度，哪怕去做最高尚的工作，也不过是个平庸的员工。不论做什么，都不能急于求成，就像学武功，要想练成绝世高手，必须先学会如何蹲马步，只有一步一个脚印，踏踏实实，才不会因为急功求成而走火入魔，还能让自己养成不急不躁完成工作的好习惯。

然而，在我们的企业中，有不少人，他们认为自己当下的工作根本谈不上“惊天动地的事业”，于是，他们总是渴望拥有一份更能发挥自己能力与价值的工作，对自己的本职工作便心不在焉。而实际上，热爱我们的工作并做到专心致志、全力以赴，是每个社会人的职责，也是让自己快乐的源泉。我们死心塌地地对待我们所做的工作时，就能产生火热的激情，它能让我们每天在工作中全力以赴。久而久之，持续地努力付出自然会有回报，你将因出色的表现获得巨大成就。失去热情，必然会失去继续前行的动力；失去激情，必然会失去战胜困难的勇气，不敢面对挑战，这样的人生必然乏味而无聊。

稻盛和夫曾经说过：“成事的人是自我燃烧、还把能量传递给周围的人，他们绝对不是按照他人吩咐、等待他人命令才开始行动的人，而是在指令到来以前，自己率先而为并成为别人的榜样，是富于能动性、积极性的人。”

稻盛和夫本身就是热爱本职工作的人，他创业之前的人生是不顺的，大学毕业后就职的公司是一家随时都有可能倒闭的破烂不堪的公司，很多同事相继辞职，只留下他一人。没有办法，他只能想“不管怎样，首先要努力做好眼前的工作”。不可思议的是，当他的决心一定，就不断取得了良好的研究成果。当然，工作变得更加有趣，他以更高的热情投入到工作中去，由此进入了一个良性循环期。

尽管现在的稻盛和夫已经是个成功人士，但他对工作的积极性依然不减。

因为工作繁忙，他很少待在家里，所以，附近的邻居担心地对他的妻子及家人说：“您先生什么时候回家啊？”乡下的双亲也曾写信忠告：“这样辛苦工作当心搞垮身体啊。”

但是，稻盛和夫本人毫不在乎，因为喜爱，既不难受也没有觉得疲劳。

稻盛和夫在他的《活法》一书中说：“实际上，若不如此热爱工作就不可能产生如此卓著的成果。无论哪个领域，成功的人往往是那些沉醉于自己所做的事的人。热爱你的本职工作——这可以说是通过工作使人生丰富多彩的唯一出路。”

稻盛和夫曾忠告所有年轻人，即使你现在感觉厌烦工作，仍坚持再作一些努力，忍辱负重、积极向前，这将导致人生的根本大转变。

小李高考落榜后，就开始在一家汽车修理厂工作，从他工作的第一天开始，他就对自己的工作充满了不满，他开始抱怨："修理这活太脏了，瞧瞧我身上弄的。""真累呀，我简直要讨厌死这份工作了。""要不是考试中出了点失误，我现在都是名牌大学的学生了。做修理这活太丢人了！"

每天，小李都在煎熬和痛苦中过日子，但他又害怕失去手上这份工作，于是，只要师父不在，他就耍滑偷懒，应付手中的工作。

几年过去了，与小李一同进厂的三个工友，各自凭着自己的手艺，或另谋高就，或被公司送进大学进修了，只有小李，仍旧在抱怨声中，做他蔑视的修理工。

因此，无论你正在从事什么样的工作，要想获得成功，都要对自己的工作充满热爱。如果你也像小李那样鄙视、厌恶自己的工作，对它投注"冷淡"的目光，那么，即使你正从事最不平凡的工作，你也不会有所成就。

那么，如何才能做到热爱并做好自己的本职工作呢？

不管怎样，竭尽全力、专心致志、全神贯注于本职工作。这样，渐渐地在痛苦之中逐步产生喜悦感和成就感。"热爱"和"全神贯注"是因果关系的循环。因为热爱才能全神贯注，全神贯注中自然而然就热爱上了。当然，最初难免有些勉强，但是必须要反复对自己说："自己正在从事一项了不起的工作，这是多么幸运的工作啊。”于是，对工作的态度自然就有了大转变。

其实，并不是所有工作都是那么妙趣横生的，甚至绝大部分工作都会因为工作环境的一成不变而变得枯燥乏味。许多在大公司工作的员工，他们拥有渊博的知识，受过专业的训练，有一份令人羡慕的工作，拿一份不菲的薪水，但是他们中的很多人对工作并不热爱，视工作如紧箍咒，仅仅是为了生存而不得不出来工作。他们精神紧张、未老先衰，工作对他们来说毫无乐趣可言。

可见，一件工作有趣与否，取决于你的看法，对于工作，我们可以做好，也可以做坏。可以高高兴兴和骄傲地做，也可以愁眉苦脸和厌恶地做。如何去做，这完全在于我们。所以只要你在工作，何不让自己充满活力与热情呢？

每一个人，无论你现在从事什么样的工作，你都应该学会热爱它，即使这份工作你不太喜欢，也要尽一切能力去转变态度，并凭借这种热爱去发掘内心蕴藏着的活力、热情和巨大的创造力。事实上，你对自己的工作越热爱，决心越大，工作效率就越高。当你抱有这样的热情时，上班就不再是一件苦差事，工作就变成了一种乐趣，就会有许多人愿意聘请你来做你更热爱的事。如果你对工作充满了热爱，你就会从中获得巨大的快乐。设想你每天工作的八小时，就等于在快乐地游泳，这是一件十分惬意的事情！

另外，从工作中寻找成就感，也会让你爱上它。如果你是教师，你可以通过观察每个学生在学习上的进步、心智的成长来获得乐趣；如果你是个医生，你可以以帮助病人排除病痛为己之快乐。另外，你还应该认识到，在每一份工作中，我们都学到了不同的知识。

总之，现实生活中的年轻人们，如果你想快乐地工作，那么，你就要记住，重要的并不是你付出了多少，而是你怎样为之付出。你可以在工作中抱有激情和热心的态度，尽自己最大的能力去做，不管会得到多少，始终抱有这种良好的心态来享受工作带来的乐趣！

脚踏实地，工作来不得半点投机取巧

我们都知道，任何一个人，无论从事什么工作，要想取得成就，都不可能做到一步登天，从底层做起，勤奋工作才是唯一可靠的出路，这也是“匠人精神”对现代员工的一大要求。然而，我们发现，现代社会，随着市场经济的逐渐推广和文化的多元化，有些人为了追求成功，开始投机取巧、走捷径。要知道，脚踏实地地努力、积累实力是才是成功的秘诀，任何“空中楼阁”都经不起时间和岁月的考验。

同样，在这个追求个性张扬的年代，没有主见、人云亦云的人不会成功；唯有脚踏实地，充实自己、手握底牌，才会底气十足，才会获得成功。毕竟，现代企业，最排斥的就是眼高手低、满口大话，而没有实际行动和真正的工作能力的人。

在中国的饮食行业，有个耳熟能详的名字——蒋建平，他是常州丽华快餐集团的董事长。他被提名中华人民共和国成立60年餐饮60人，在第二届常州市文明市民暨“感动常州”十大新闻人物评选活动中榜上有名；他现任常州丽华快餐董事长；他是送餐业的领跑者，创造“无店铺经营”新模式。但谁又能想到，他是从卖盒饭开始跻身亿万富翁之列的呢？

小时候的蒋建平家境贫寒，初中没读完就辍学回家了，步入社会以后，他先在粮管所当保管员。1993年，蒋建平下岗了，接连两个月都没找到工作，家里连买米的钱都是向父亲借来的。一天，饥肠辘辘的他，在一辆三轮车上花2毛钱买了盒米饭充饥。他从摊主的口中得知：卖盒饭很赚钱。于是，他决定卖盒饭。

说干就干！蒋建平借了一辆三轮车开始卖盒饭。第一天，他和妻子忙碌了大半天，挣了110元。蒋建平看到了希望，整天骑着三轮车卖盒饭。由于他借来的三轮车没有执照，经常被城管没收，他只得既交罚款，又说好话。

蒋建平的初级目标是开一家快餐店，因为资金不足，一开始他只能在常州一个偏僻的地方租了一间房子。没人知道他的快餐店，他就散发小广告。就这样，他的盒饭事业开始快速发展。

据中国烹饪协会统计，中国民营餐饮企业的平均寿命只有2.8年，而丽华快餐已经走过了14年，而且越做越大。尽管与那些资产上百亿的巨型企业相比，丽华快餐充其量也只是一个小企业，但企业虽小，它体现出来的精神与风骨却让人不敢小觑。

在很多人看来，快餐做的都是很简单的事情，但谁来把这些小事做好？谁来把这样的小事当成事业来做？全世界所有快餐做得好的，如麦当劳、肯德基等，他们做的也都很简单，但关键是要把很简单的事情做的非常的尽善尽美。很显然蒋建平比常人更深刻的理解到了这一点，他正在这条路上探索。

正如他自己总结的："把简单的事情重复做，做到极致。"

听过这个创业故事，可能很多年轻人都觉得很诧异，一个人通过卖盒饭发家？但这是一个真实的创业故事。一个贫苦的人，很容易在别人不屑一顾的地方发现机会，别无选择地干起别人眼中最卑微的工作，别人认为不值得一提的收入，让他感到无比兴奋；这种兴奋就是成就伟业的强大动力。蒋建平的10多亿资产就来源于借来的一辆没有牌照的三轮车，来源于人们看不起的街头"盒饭事业"。

就业之初，若想成为职业化员工，你就要从基层工作做起，这是一种带有规律性的认识成果，具有普遍的指导意义。万丈高楼平地起，我们任何一个人的职业生涯及其成功都是从基层做起的，要想成为高级工程师，就应从技术员开始做起；要想成为一名将军，就得从战士做起；要想成为一个营销总监，就得从业务员做事起。

所以，对于手头工作，我们一定要树立踏实的态度。要想获取成功，就得付出坚强的心力和耐性。艾森豪威尔说："在这个世界，没有什么比'坚持'对成功的意义更大。"的确，世界上的事情就是这样，成功需要坚持。雄伟壮观的金字塔的建成正因为它凝结了无数人汗水的结晶；一个运动员要取得冠军，前提就是必须要坚持到最后，冲刺到最后一瞬。如果有丝毫的松懈，你就会前功尽弃，因为裁判员并不以运动员起跑时的速度来判定他的成绩和名次。

然而，我们不得不建议的是，浮躁的现象在当今社会的中普遍存在，具体的表现在于：事情才刚刚做到一半，他们就觉得已经大功告成了，便开始松懈起来。急功近利，只讲速度，不讲质量，看不起眼前的小事，认为干它没有什么意义。他们的兴趣没有被提升起来，挑战自己和别人的欲望也被压抑着。

一般而论，职业生涯的基础打得愈扎实，其成长、成功的空间就越高。只有将基层工作了解透了，做事到位了，才能开始做比较复杂和难度较高的工作，这就是循序渐进。

要从基层做起，要遵循如下三个方法。

1.调整心态

年轻人就业从基层做起，有一个调整心态的问题。有的年轻人对从基层工作做起的观念不屑一顾，认为自己是干大事业的，这种就业心态需要调整。想干大事业，同从基层工作做起并不矛盾，把基层工作的小事情做好，就能为今后干大事业打好基础，因此，你一定要培养乐于从基层做起的心态，只有心态调整好了，才能在基层工作领域增长知识和才干。

2.耐得住寂寞

基层工作大多是琐碎的、重复的，很难给人以快乐和挑战的感受，产品研发人员在生产车间了解产品生产工艺流程是琐碎的，营销员拜访客户是重复的，因此，我们还要培养耐得寂寞的职业操守，只有耐得寂寞的人，才能在基层工作中有所学习、有所积累，才能赢得未来的职业生涯发展。

3.积累经验

很多企业要求员工从基层做起，其目的是为了让新员工积累基层工作经验。积累基层工作经验是最有价值的，它如同建造职业生涯大厦的基石，因此，作为职场新人，要有意识在企业基层工作过程中积累经验，为未来职业生涯发展奠定基础，这无疑是职业生涯的大智慧。

总之，我们每个人都要有踏实肯干的精神，从现在起，无论从事什么工作。你都要做到不腻烦、不焦躁，埋头苦干，不屈服于任何困难，坚持不懈；只要你坚持这样做，就能造就优秀的人格，而且会让你的人生开出美丽的鲜花，结出丰硕的果实。

把工作当事业，就会做到全力以赴

现实生活中，我们大部人都怀揣梦想，希望可以大展拳脚，但现实的状况可能是，面对他们每天都必须做的重复的工作，他们已经失去热情，甚至开始抱怨，却拒绝作出改变。如果你问他们，为什么不干脆辞职，或者要求调任，或者做点什么来改变这种局面的话，他们总是有各种各样的借口：我还要还贷款；我的家人不允许我这么做；我对这份工作已经习惯了；也许没有更好的地方了；我的工资很高，我舍不得放弃这份高薪工作；我没有其他方面的技能；我只会做这个；等等。而这些，都是对工作不热爱的表现，以这样的状态，你会发现，工作是枯燥的，工作效率也是低下的。事实上，无论你从事哪行，热情都是你成功的动力。

蒂夫·鲍尔默说："我想让所有的人和我一起分享我对我们的产品与服务的激情，我想让所有的员工分享我对微软的激情。"卡耐基说："除非喜欢自己所做的工作，否则永远无法成功。"真正的匠人都会将手上平凡的工作当成自己的事业，唯有如此，才能不断付出热情，然后全力以赴，最终取得成功。

可能你会说，你是在为别人打工，再怎么热爱也不会成功，实际上，每个成功者都经历过打工的过程，但对工作的不同态度造就了不同的结果。如果你能抱着学习的态度对待现在的工作，那么，工作所能带给你的，要远比工资带给你的多得多，因为每一项工作中都包含着许多个人成长的机会。而那些因为薪水低而对工作敷衍塞责、当一天和尚撞一天钟的人，对公司、老板固然是一种损害，但长此以往，无异于降低自己的价值，使自己的生命枯萎，将自己的希望断送，使自己维持在一种低档次的生活水平上，过着一种庸庸碌碌、牢骚不断的生活，并因此而埋没了自己的才能，湮没了生命应该有的创造力。

所以，对一个想要成就一番事业的人来说，老板支付给你的只是薪水，但你一定要在工作中，赋予工作以更多的价值，你要在工作中支付给自己更多的东西。

在年轻人梦寐以求的微软公司，曾有一个临时清洁女工升职成正式职工的故事：

她是办公楼里临时雇佣的清洁女工，在整个办公大楼里，有好几百名雇员，但她的工资最低、学历最低、工作量最大，而她却是最快乐的人！

每天，她来得最早，然后面带微笑，开始工作，对任何人的要求，哪怕不是自己工作范围之内的，也都愉快并努力地跑去帮忙。周围的同事都被她感染了，有很多人成了她的好朋友，甚至包括那些被大家公认为冷漠的人，没有人在意她的工作性质和地位。她的热情就像一团火焰，慢慢地整个办公楼都在她的影响下快乐了起来。

盖茨很惊异，就忍不住问她："能否告诉我，是什么让您如此开心地面对每一天呢？""因为我热爱这份工作！"女清洁工自豪地说，"我没有什么知识，我很感激企业能给我这份工作，可以让我有不错的收入，足够支持我的女儿读完大学。而我对这美好现实唯一可以回报的，就是尽一切可能把工作做好，一想到这些，我就非常开心。"

盖茨被女清洁工那种热爱工作的态度深深地打动了："那么，您有没有兴趣成为我们当中正式的一员呢？我想你是微软最需要的。""当然，那可是我最大的梦想啊！"女清洁工睁大眼睛说道。

此后，她开始用工作的闲暇时间学习计算机知识，而企业里的每个人都乐意帮助她，几个月以后，她成了微软的一名正式雇员。

生活中的年轻人，也应该和这位女工一样热爱工作，把工作当成一门学问去研究，当成事业奋斗的理想目标，并努力向上攀登。每一份平凡的工作都是你获取新知识、新经验的来源，同时，这样的员工也正是公司所需要的。如果你为自己还是平凡岗位的一员而抱怨的话，请调整自己对工作的态度，如果你从现在开始热爱你的工作，不论多平凡的岗位，你也会有不俗的成绩。热爱自己岗位，做个快乐工作的人吧。

如果你投入百分之百的热情、努力工作，那么你就会发现，你的工作能力会逐步提高，你会为此兴奋，同时，你努力工作也会得到更多的物质回报——你的薪水在不知不觉间得到了提升。因为你的努力，老板都看在了眼里，你的努力也为公司带来了更好的业绩，老板就会因为你的工作态度和工作成绩而奖励你，不管这种奖励是提升薪水还是提升职务。

然而，我们不难发现，也有一些人，在工作中，他们喜欢耍小聪明，要么上班迟到、早退；要么假公济私，借着公差游山玩水；要么中饱私囊。这些人自以为得计，但他们的损失将远远大于他们的所得。这种人，也许会得逞一时，但终将失败一世，永远与成功无缘。

世界上没有卑微的工作，只有卑微的心态。如果你以麻木的态度对待工作，就是亵渎了自己和自己的工作。要热爱自己的工作，这是成功的起点。在喜欢自己工作的情况下，即使做得再累，也往往不会觉得辛苦。事实上当一个人真正喜爱自己的工作时，他根本就不觉得是在为别人工作。

因此，热爱你的工作吧！一个人所从事的工作，是他获得幸福的源泉，是他的理想所在，是他对待人生态度的体现。工作将填满你的大部分人生，人生唯一能获得真正满足的方法就是——做你相信是伟大的工作，而伟大的工作是你所热爱的事业。我们可以从工作中释放自己的热情、释放自己的能量、释放自己的智慧，来获取一份快乐，一份成功！

真正的匠人，都是干一行爱一行

近几年来，“匠人精神”这一名词火了，成为了制造业、服务业、农业等行业的衡量标准和追求目标。新时代的“匠人精神”的基本内涵，主要包括爱岗敬业的职业精神、精益求精的品质精神、协作共进的团队精神、追求卓越的创新精神等，可见，爱岗敬业就是“匠人精神”的题中之义。事实上，任何时代，真正的匠人，绝对都是干一行，爱一行，在自己的岗位上尽职尽责，如此，他们不但获得了技艺和能力的精进，更收获了快乐。

詹姆斯巴里说：“快乐的秘密，不在于做你所爱的事，而在于爱你所做的事。”工作在我们的人生中占据了大部分最美好的时光。比尔·盖茨有句名言：“每天早上醒来，一想到所从事的工作和所开发的技术将会给人类生活带来巨大的影响和变化，我就会无比兴奋和激动。”

我们不妨先来看下面一个故事：

传说中，在西方，有个人死后来到了一个地方，这里妙趣横生，不但有美酒佳肴、妙龄少女，还有数不尽的金钱和珠宝，有数不尽的佣人伺候，简直就是天堂。

可是，过了几天这样的生活后，这个人厌倦了，于是对旁边的侍者说：“我对这一切感到很厌烦，我需要做一些事情。你可以给我找一份工作做吗？”

他没想到，他所得到的回答却是摇头：“很抱歉，我的先生，这是我们这里唯一不能为您做的。这里没有工作可以给您。”

这个人非常沮丧，愤怒地挥动着手说：“这真是太糟糕了！那我干脆就留在地狱好了！”

“您以为，您在什么地方呢？”那位侍者温和地说。

这则寓言故事是要告诉我们：失去工作就等于失去快乐。但是令人遗憾的是，有些人却要在失业之后，才能体会到这一点，这真不幸！

一个人如果不喜欢自己的工作，他就不会投入必要的时间和精力去取得成功。没有哪一个成功者认为自己的工作是非常烦人的。对于大多数千万富翁来说，这是一场激动人心并富有挑战性的游戏。

儿童家具专卖公司创始人格蒂文·格罗斯曼说："我本该一周在这里待上6天，但我连休息时间也不定期。很有意思。回家是工作，工作就是乐趣。"亨利·福特迷恋汽车；比尔·盖茨钟爱计算机软件。在千万富翁的眼中，每天都有不同的风险，那是乐趣，也是刺激。

孙女士是一个典型的事业型女人，但同时，她又是个不喜欢喧闹的人。2003年，她就开了一家自己的茶楼，很多朋友问她为什么做这行，她的回答是："我喜欢安静的氛围，听安静的音乐，安静地喝着茶，那么，所有的生活、工作的压力也都不翼而飞了，所以我觉得开这个茶楼能让客人心神安宁吧。"

的确，开业至今，孙女士的茶楼在圈内已小有名气，黑白色调，纯正的法式美味，大厅里有一面偌大书墙，清淡的书香与法式气质融为一体。认识她的人都说，孙女士像极了她店内墙壁上所画的女子：安静、温柔、追求完美。

但她似乎又总是充满能量，总是不知疲劳地工作。

对孙女士来说，最快乐的事情是早上起来，出门之前看着儿子在楼下玩耍，因为她要到深夜才回家。"我希望客人在第一时间里就能感受到我们准备好的一切——干净的空气、新鲜的花、清澈的玻璃窗、没有味道的卫生间……"孙女人总喜欢亲自招呼客人，"我所做的全部都是站在客人的角度上，把自己当成一个客人去挑剔。"

无论在什么时候，孙女士都是一个工作狂：以前作为公司的部门经理，每天工作时间常常超过8小时，精力旺盛，喜欢挑战；自己做老板了，还事必躬亲。“我只要一工作就感觉非常满足，”孙女士说，“我觉得我是属于压力型的，压力越大工作越出色。”

故事中的孙女士为什么能拥有成功的事业？因为热爱！是这份热爱让他充满了能量，而其实，你也能做到，即使你现在感觉厌烦工作，仍坚持再作一些努力，忍辱负重、积极向前，这将导致人生的根本大转变。

可见，要想成就事业，最重要的也是最基本的就是——必须百分之百热爱自己的工作。一个人只有懂得这一点，他才会拥有一份健康、愉快、积极向上的心态。

其实，这里所说的重点并不是要你辞去目前的工作，另找一份比较有趣的工作，而是希望你想办法使目前的工作变得有趣。只要你在目前的工作上表现优异，其他成功的机会就会伴随而来。

然而许多人面临的问题可能是：“怎么可能让目前悲惨的工作变得有趣？”当然，并不是天下所有工作都能变成有趣的工作，但是总有办法让它们有所改善。

提升工作乐趣的第一件事，也就最重要的一件事，就是改变或调整自己的态度。对于自己的工作和同事，你是抱着正面的还是负面的态度？你常向别人抱怨自己的工作吗？你抱怨你的上司、工作、同事、部属、客户或供应商吗？你一早醒来想到工作就心烦，黄昏时“迫不及待要离开这个鬼地方”吗？对工作和同事越是抱着负面的心态，就越没有成功的希望。成功路上阻碍的大小，与一个人对工作的负面感觉成正比。当一个人的负面感受越强烈，遭受的阻碍就越大。只有自己要为自己的心态负责，也只有自己能使自己的心态变得积极。

很多人认为，我们的态度和感觉，是由他人对待我们的方式及工作的好坏而定。其实并不然，我们自己才是心态的主宰，要抱有正面或负面的心态，完全在自己。富人们知道逆境不是他们的敌人，而是他们的朋友，也是生命中最强大的一股外力。如一个人以积极的态度面对逆境，他就能激发潜力。

让工作变得更有趣的第二步，是与共事的人建立愉快的关系。共事的人包括公司里的人，如上司、同事、部属等，也包括公司外与你有往来的人，如客户、厂商、供应商、承包商等。改善人际关系并非一蹴而就，而需要时间和精力。

工作占据了人生最大而且最重要的一部分，假如你对工作厌倦，整个人生将缺少乐趣，假使你为环境所迫，而只能做些乏味的工作，也应该努力设法从这乏味的工作中找出一些兴趣和意义。努力工作，所需的是勤劳与坚忍；努力工作而又能快乐地工作，则是一种智慧。

第 05 章

无惧挑战，一流的匠人敢于在竞争中提升自我

现代社会已经是知识型社会，任何人，都必须要保持学习和竞争的态势，才不会被时代抛下。事实上，一流的工匠们，他们始终保持在“一流”的水平，就是因为他们精益求精，不断追求技艺的进步。同样，现代社会中的人们，在竞争中，也要有提升自己的竞争意识和竞争能力，且要摆正自己的竞争心态，少说话、多做事，保存并提升自己的实力，进而获得竞争资本。

对手不可怕，没有对手就没有动力

我们都知道，我们所生存的这个人类社会，是一个竞争性的社会，知识经济的到来，使人们的竞争意识更为强烈，可以说，我们生活的周围，无时无刻不存在着竞争。其实，也就是因为这些竞争对手的存在，我们才更具奋斗力和活力，才会有危机感，才会有竞争力。所谓“狭路相逢勇者胜”，正是由于他们，才使你认识到自己的不足，才使你认识到要发展自我，才使你认识到社会，乃至整个世界都无时无刻地在进步、在前行。

的确，一直以来，我们推崇“匠人精神”，匠人精神是新时代各行各业一种爱岗敬业、勤勤恳恳的工作态度，也就是说，我们要靠本身、靠实在、靠勤奋、靠诚实来提升自己，因而值得宣扬和推崇。在经济日益知识化、技术化、全球化和网络化的今天，知识、创新已成为成功的新首要条件。因此，任何时候，我们都要认识到不断进步的必要性，都要认识到对手的存在，更要认识到必须要不断培养竞争意识和能力。

因此，我们每个人都应该记住，人生路上，对于对手，我们应该抱着感谢的态度，要知道，对手就犹如一面铜镜，能照出你自己的特征，也能激励你去不断学习，不断发展。

杰克和路易斯同为学校篮球队的队员，杰克在队中司职后卫，路易斯则是一名小前锋。大学的阶段的他们都非常率真，尤其是向异性表达自己的真心。不巧的是杰克和路易斯都对同一个女生表达了自己的爱慕，一对好朋友就这样变成了敌人。这种敌对情绪使得二人的关系非常紧张，彼此间变得非常冷漠。但是在赛场上，两个人仍然并肩作战，在一场关键的比赛当中，还是路易斯接到杰克的传球将球投进，锁定了本队的胜利。就这样，赛后两个人重归于好。

杰克和路易斯虽然因为一个女孩变成了情敌，但是赛场上两个人面对着共同的敌人，就重新成为了朋友，并且借着赛场上的友谊化解了两个人之间的敌意。

人类社会，本身就是一个竞争性的社会，知识经济的到来，人们的竞争意识更为强烈，可以说，我们生活的周围，无时无刻不存在着竞争。其实，也就是因为这些竞争对手的存在，我们才更具奋斗力和活力，才会有危机感，才会有竞争力。竞争的力量会让一个人发挥出巨大的潜能，创造出惊人的成绩。每个人在树立竞争意识的同时，更要有正确的竞争意识。

工作中，相信你在职业和企业、乃至商业活动中，也有一两个劲敌，他们也可以说是你的对手，对此，你有怎样的心理呢？是嫉妒还是欣赏？是大声叫好还是不屑一顾？尤其是当他的成绩超过你的时候，若你为他鼓掌，将会化解对方对你的不满和成见，改变他对你的态度，他会觉得你慷慨地付出自己的真诚，从此，他也会给予你支持。人都是这样，死结越拧越紧，活结虽复杂，却容易打开。的确，不少时候，人们面对对手，采取的是打击的方法，其实，这样做还不如化敌为友、化干戈为玉帛。想把对手变成朋友，就要舍得为他“付出”，对方陷入困境的时候，你要保持冷静，不能见机踹他一脚；当你成功的时候，不要在对方面前趾高气扬，克制自己不流露出得意。做到这些就是“付出”，勇敢的“付出”。

总之，你要明白的是，正因为有了对手，我们的生活才不会像白开水一样平淡乏味，而变得美丽、变得七彩斑斓；正因为有了对手，我们才不会像人工养殖的鲜花一样弱质纤纤，而变得越来越坚强；正因为有了对手，我们才能享受到真正的快乐。因为对手的存在，并不仅仅是个威胁，在很多时候，它还是激励你进步的“伙伴”，因此，如果你也能以这样的心态对待对手，那么，对手就不是你的敌人，而是你的朋友了。

竞争激烈，绝不为自己找懈怠的理由

任何社会中的人，都存在强弱之分，但更普遍的是强者更强，弱者更弱，弱肉强食。为什么会这样呢？因为弱者很多时候并不是努力充实自己，让自己变强，而是花费太多的时间抱怨，抱怨命运的不公。他们可能不明白，绝对的公平是不存在的，能力强才是硬道理。因此，既然我们没有办法选择社会环境，为什么我们不选择改变自己呢？

事实上，那些在大浪淘沙般激励竞争下依旧挺立的工匠们，他们从不抱怨，他们只是静心做自己的事、学习最新的技艺，因此，他们总是能在竞争中独占鳌头。

正是因此，我们与其去抱怨，不如努力提高自己，为自己在未来的竞争中处于优势而提前练好功力，这才是正道。功力都不想练，却想能够成为赢家，天下有这么美好的事吗？

所以，我们需要记住的是，在如今竞争激烈的现代社会，面对压力，我们无论如何也不要为自己找懈怠的理由，而应该勤奋努力，朝更高的目标奋进。

有位名不见经传的年轻人，第一次参加马拉松比赛就获得了冠军，而且还打破了世界纪录。

当他冲过终点时，记者蜂拥而上，不断地追问：“你怎么会取得这么好的成绩？”

年轻人气喘吁吁地回答：“因为我的身后有一匹狼。”

所有的人听后都惊恐地回头张望，但并没看到他身后有狼。

这时他继续说：“三年前，我在一座山林间训练长跑，每天凌晨教练喊我起床练习，但是我用尽全力，也总是没有进步。”

“有一天清晨，在训练途中，我忽然听到身后传来狼的叫声，刚开始声音很遥远，可是没几秒钟就已经来到我的身后。当时我吓得不敢回头，只知道拼命奔跑逃命。于是，那天我的速度居然是最快的。”

年轻人顿了顿，又说：“回来后教练跟我说：‘原来不是你不行，而是你身后少了一只狼！’我这才知道，原来根本没有狼，是教练伪装出来的。从那以后，只要训练时，我就想着自己身后有一只狼正在追赶，包括今天的比赛，那只狼仍然在追赶着我，我必须战胜它！”

我们每个人都和这位年轻人一样，有着自己的人生目标。可是，我们的身后有“狼”吗？这只狼实际上就是压力。如果在人生路上毫无压力、过于安逸，那么，我们注定平淡、碌碌无为，如果有只“狼”在我们身后追赶着我们前进，我们势必会攀上人生的高峰。

生活中的人们，可能现在的你每天为生活奔波，生活、工作压得你喘不过气来，你开始抱怨生活、抱怨上司，抱怨家人。而其实，有压力，才有动力，压力带给我们的不仅仅是痛苦和沉重，还能激发我们的潜能和内在激情，让我们的潜能得以开发。如果说，人一生的发展是不易反应的药物，那么压力就是一剂高效的催化剂。它不是鼓励你成功，而是逼迫你成功，让你没有选择不成功的余地。他带给人的，不仅仅是痛苦，更多的则是一种对生命潜能的激发，从而催人更加奋进，最终创造出生命的奇迹。

大学毕业后，小谢就进入现在的这家公司工作。因为工作认真且努力，她表现得很出色，为此得到上司的赏识，很快就被提拔为部门负责人。如今，小谢在公司里已经三年了，稳稳当当坐着部门负责人的位置，工资待遇也不错，所以她感到很满足。

有一次，公司里的一个销售区域出现严重问题，因为那个区域的总监正好休产假在家，为此上司向老板推荐小谢去解决问题。其实，上司的本意是让小谢好好表现，将来也许可以升任总监，但是小谢深知问题很棘手，为此找了个生病的理由就把这个任务辞了。无奈，老板只好要求另外一个部门主管去解决问题。

这个主管二话不说奔赴前线，虽然费了很多的辛苦和周折，总算把问题圆满解决了。这个时候，老板对这个主管说："区域不可一日没有总监，既然此前的总监休产假了，就由你来代替她先管理这个区域。等到她休完产假回来，或者她去新区，或者你去新区。总而言之，你已经是总监了。"

听到这个消息，小谢简直把肠子都悔青了。但是，时间不可能倒流，机会也不会重来。在公司里，中层管理者一个萝卜一个坑，小谢再也找不到这么好的晋升机会了。

案例中的小谢之所以失去一个大好的晋升机会，就是因为她自我满足、不思进取，所以，身处职场，面对竞争，我们一刻也不能松懈。

其实，纵观历史，会得出这样一个结论——成功者无一不是战胜失败后而获得成功的。事实上，人的意志力的力量是强大的，可能我们对于自己能够变成多么坚强都毫无概念！大多数的人能够承受超过我们所认为的压力。每一个人的内在都有无限的潜能，但除非你知道它在哪里，并坚持用它，否则毫无价值。世界著名的大提琴演奏家帕柏罗卡沙成名之后，仍然每天练习6小时。有人问他为什么还要这么努力，他的回答是"我认为我正在进步之中”。

当然，凡事都有度，我们也要将压力控制在一定的范围内，因为人生就好像一根弦，太松了，弹不出优美的乐曲；太紧了，又容易断裂。唯有松紧合适，才能奏出舒缓且优雅的乐章。适当的压力，不仅是我们成长的必备养分，也是成就我们亮丽人生的重要元素！

不想被淘汰，就要提升竞争力

这个社会是个竞争的社会，一个人是否有竞争力将决定着你在这个社会上处于什么样的位置。一个人是否有竞争力是由他自身的勤奋程度、危机意识、他的本能好奇心、和他的定力来决定的。如果不注意这些，一个即使现在能力很强大的人，也会被时间淘汰，变得毫无价值，毫无竞争力。

我们发现，那些一流的匠人们，他们绝对能称得上是行业内的精英，他们以技艺的不精湛为耻，所以他们会不断精益求精、追求更高的技术标准和零失误，因此，我们可以说，“匠人精神”不仅是一种专注的态度，更是学习的动力，一个人只要具备了“匠人精神”，也就拥有了学习一切知识的动力，这股动力督促他精益求精，并对与本专业相关的其他技术都有所学习，从而站在本行业的巅峰位置。

同样，现代企业中，任何一个人，他在行业内是否有竞争力，一部分取决于他的学历——这不可否认，因为学历代表着你过去付出了多少努力，也因为学历代表着你的理解阅读能力，一个企业中不同学历的人往往处于不同位置，这是社会现实，否认学历没有任何意义。当然，这是很多人一旦走上社会就无法改变的一部分，就算能够改变，可能也会花费很多的时间和精力。另一部分则取决于自身的努力，自身的努力能够改变很多事情，只有明白你的核心竞争力在哪里，你才可能取得人生的决定性胜利。

怎样加强一个人的竞争力？我觉得应该是因人而异的，每一个人都有不同的天赋，这是人为修炼所不能改变的，就像有的人打麻醉剂无效一样，最重要的就是找出上帝赋予你的那项天赋，并加强修炼这部分的内容，才能塑造你的核心竞争力。怎样寻找出这部分内容呢？通常我们觉得一个人特别容易和人交往，交际能力特别好，可是他自己却不觉得自己有异于他人的禀赋，只觉得很平常。一个人的优点往往是别人才能察觉到的，所以这时候，就需要你征求周围人的意见，并特别注意自己适合做哪方面的事，事实上，我们进行教育，设置那么多课程的目的就在于此。

通常情况下，我们要注意自己在这几个方面的能力，是否超出常人，接受地又快，实施地又到位。如果你注意到了这种状况，一定要在这方面努力，并且注意训练，就可能比别人高出一筹，比别人更有竞争力。

1.学习力

学历代表过去，学习力代表将来，将来这个社会是一个信息更替非常迅速的社会。如果你的学习力非常强，那就代表你的头脑能够非常快的整理和接收传到你脑部的信息，并迅速形成一个印象，这样的头脑更适合于在信息高速更替的行业比如IT业发展。因为接受新事物的能力很快，接收的信息很快，而又能够快速更替头脑中的信息，在这个行业肯定有着更大的竞争力。

2.创造力

不可否认一个人的创造力很大部分是天生的，有的人天生就有创意，能够把所有的想法整合在一起，创造出新的事物。当然，这和想象力有关，但绝不是单纯的想象力，如果你总对事物有新的想法，新的观点，有很多“鬼点子”，那说明你的创造力很不错，这样的人适合在广告业等行业生存。

3.分析推理能力

思维严谨，分析推理能力和逻辑能力强的人，适合在数学、物理、化学等自然科学方面发展。

4.财商和情商

这两者不可分割，尤其是到了人生的后半段，人脉几乎决定了你能赚多少钱，成为怎样的成功人物。这个社会，赚钱已经不仅仅是拥有赚钱的眼光那么简单，有更多的人脉可以让资本运转更快。

5.影响力

一个人有怎样的影响力，常常取决于他的自信、自强和挑战精神以及社会责任感，有些人天生就具有领袖素质，他们能够通过自己的气质最快地获得人们的认同和敬畏，感染别人，对别人的思想和行为产生影响。

当你明确了自己在哪些方面有优势，就应该不断在你的优势方面加以训练，把它变成你的核心竞争力，才能在你所在的领域保持更强的优势和更强的竞争力。保持竞争力的方法可以有很多种，勤奋修炼只不过是其中的一种。如果想一直在某个领域处于领先地位，就要有一定的好奇心和危机意识。好奇心让我们探索更多解决事情的方法，让我们对新方法，新事物，新信息保持最敏锐的触感，让我们不断探索钻研。危机意识，让我们保持警惕，不会怠惰，能够“生于忧患”，时刻保持警醒就等于保持我们竞争的状态，有竞争意识的人将不会落在社会的后面。

竞争力是一个强项，对于现代企业中的任何人来说，只要敢于挑战，就能拥有最强的竞争力，在社会中拥有自己的一席之位。

凡事快人一步，竞争就是“快”者生存

当今社会，市场竞争异常激烈，市场风云瞬息万变，市场信息流的传播速度大大加快。可以说，无论哪个行业，谁能抢先一步获得信息、抢先一步做出调整以应对市场变化，谁就能

捷足先登，独占先机。因此，作为新时代企业的员工，你一定要明白，这是一个“快者为王”的时代，速度已成为一个人生存乃至发展的基本法则。

两个驴友在树林里过夜。

早上，树林深处突然窜出一头黑熊，两人惊慌之余，其中一人赶紧穿上鞋。另一个人则说：“你把球鞋穿上有什么用？我们又跑不过熊！”忙着穿球鞋的说：“我不是要跑得快过熊，而是要快过你。”

这个故事听起来有点无情，但在“快”时代，“快”者生存，竞争就是如此。坐视对手，哪怕是潜在对手的实力增强，都是在削弱自己的力量，甚至会颠覆自己的地位。

然而，现实生活中，有些人无论怎么努力，却总是被别人踩在脚下，这是因为他们总是掉在队伍后面，也不奋起直追，这就注定了这类人无法成大事。

机遇并不总是垂青我们，一旦错过，就不再来。然而，机遇对于每个人来说都是均等的，谁有敏锐的眼光，谁能超人一步，谁就能把握机遇、猎取到财富。总踩着别人的脚后跟是赚不到大钱的。

卡赫利法是沙特阿拉伯巴林著名商业家卡西比的后裔，当他继承家族企业时，实际上，曾经辉煌一时的家族企业已经出现了市场萎缩、资金紧张等情况，一时间千疮百孔。卡赫利法只好临危受命、背水一战了。

卡赫利法的血液里流着“不安分”的因子，他具备了商人寻求多变的特性，在他看来，如果沿袭家族企业传统的经营方式，是不会有气色的，因此，他决定独辟蹊径，才能将败局挽回。

这一年，阿拉伯半岛酷热难当。卡赫利法想到了一个赚钱的点子——开设一家冷冻食品店，他冒着失败的风险，投入一些资金，在美罕石油公司的旁边开设了一家冷冻食品店，出售袋装食品和冷饮。这些商品很受难忍酷暑的顾客欢迎，商品经常供不应求。一些大商人也纷纷来进货，冷冻食品店从此发展了起来。

实际上，如果这样一直经营下去，按照卡赫利法的智谋，赚个盆满钵满是不成问题的，然而卡赫利法不愿意与后来者在同一起跑线上竞争，他想刻苦创新，寻找新的起点。

经过分析了解，他又盯住尚未兴起的渔业。他将冷冻食品店卖掉，开设了一家渔业公司，从事渔业贸易。经过几年的努力，到1986年，卡赫利法已经成为海湾地区渔业的龙头，他拥有10多条渔船，年渔业产值500万美元。

看到卡赫利法在发渔业财，不少商人羡慕极了，便接连不断地挤了进来，都想抢先。一时间，波斯湾千船齐发，万网并张，展开了一场激烈的市场争夺战。

卡赫利法明白，捕鱼船能够不断扩展，但鱼却不增加。于是，他又将船队果断卖掉，从渔业退出，寻觅另一条创新的道路。没过多久，卡赫利法发现中东饮用水匮乏，遂开办了一家生产、经营矿泉水的公司，又一次大获全胜。

卡赫利法原本只是一个无人知晓的小商人，但最后却成为赫赫有名的大富翁，在阿拉伯，他可以说是一个商业传奇，他为什么总是能如此幸运、百战不殆呢？他成功的秘诀就在于：永不与别人抢夺市场，先人一步、开辟市场才是王道。

可能每个人都知道一个道理：先人一步，在竞争上也能领先一步。那些成功的人之所以能成功，也是因为他们眼光独特，他们抓住一些市场契机，满足了人们的需求，如第一家饭店，第一间咖啡屋，第一家桌球室，第一个炒股……

同样，现代社会，几乎所有人都使出浑身解数抓住机遇，因为先机稍纵即逝，速度就成为了获胜的关键因素之一。每个人都应该将自己训练成为一个果断的人，要做到这点，你就必须解放思想，具备超前的观念和敏锐的眼光；看准了的事，应该雷厉风行、马上就干，不能患得患失、等待观望，更不能纸上谈兵、只说不干。

当然，在激烈的竞争中，我们每个人都喜欢胜利，但不能不计代价，要知道，丑恶的竞争手段让人厌恶，那等于是画地为牢，即使赢得一场胜利，也可能失去以后再获胜的机会。

竞争当中，懂得忍耐才是王道

现代社会，无论是商业还是政治或者是其他活动中，似乎都存在竞争对手。面对竞争对手，人们可能会不自觉地卖弄自己的才华，或者与对手针锋相对，而实际上，如果你着实比对手优越，能在竞争中胜出倒也无妨，但如果对方胜出，那么无异于打了自己的嘴巴。而一个真正有实力的人不会把自己的那点小才能挂在嘴上，宣扬自己的本事，即使在别人试探他时，他也会巧用转移话题的办法避开对方的注意力，从而隐藏自己的真实想法，为自己赢得更多的时间和空间来达到自己的目标。这是一种大智若愚的处世智慧。因此，当你力量不足或者在对手对你“逼供”时，不妨采取这一办法，避开对方的锋芒。

一天，曹操邀请刘备来喝酒。

酒酣之际，曹操心血来潮，便问刘备：“你说这年头谁是英雄？”

刘备自然认为自己就是一世枭雄，但此时，却万不能表明心迹，说了会有性命之忧，于是，他只好与曹操打起了酒官司，顾左右言其他。谁知道，刘备说了半天话后，曹操倒不耐烦了，就直接说：“别绕了！这年头真正的英雄人物就是你跟我。”

此时，天上一身巨响——打雷了，刘备居然吓得筷子都掉地上了。曹操纳闷，便问：“怎么啦？”

刘备赶紧把筷子拾起来，然后顺口说了句：“这么大的雷，吓死我了。”曹操哈哈一笑：“大丈夫怎么可以怕雷呢？”刘备赶紧接口：“孔子是圣人，他也怕打雷，别说我了。”

此时张飞关羽两人怕曹操会杀刘备，闯了进来。见刘备没事，关羽连忙掩饰说自己来舞剑助兴。

曹操说：“这又不是鸿门宴。”然后斟酒让他们压惊。后来三人一起出来，刘备说：“我在曹操的地盘上天天种菜，就是要让他知道我胸无大志，没想到刚才曹操竟说我是英雄，吓得我筷子都掉了。又怕曹操生疑，所以我就说自己怕打雷掩饰过去了。”关羽张飞佩服得不得了。

可以说，放走刘备，是曹操一生中最大的错误，因为曹操已经一眼看出刘备是当时真正的英雄。曹操甚至说了这样的话：“今天下英雄，唯使君与操耳！”这句话是载入史册的。而曹操“煮酒论英雄”，也只是为了试探刘备有无称雄的志向，刘备自然心知肚明，他就是担心曹操把他当作对手，就是怕曹操把他当作英雄。如果那样，刘备不但不能为他日成就自己的伟业招兵买马，甚至可能会丧失性命，于是在曹操追问他天下英雄时，他假装糊涂，处处设防，甚至用一些其他人物来搪塞，比如袁绍、袁术、刘表等。以刘备的胸怀，这些碌碌无为之人，又怎么能入他的眼睛？而这些搪塞之语都被曹操用简略的评价一一驳回，针针见血。而从心理角度说，刘备称自己害怕打雷，正是让曹操认为刘备是胸无大志的人，从而放走刘备，为刘备的崛起做了最初的工作。

同样，现实生活中，我们与他人竞争，无论说话、做事都不可狂妄，要尽量放低自己，让对方感觉到你已经示弱了。很多时候，这会为你的成功提供契机。

的确，直言直语、做事不经过思考是一个人致命的弱点，也会让你在对手面前暴露无遗，当对方了解你的真实想法以后，便会对你大加防备甚至刻意与你为敌，可能你在吐露心声的时候，的确没有任何的顾虑，只看到现象或表面，也只考虑到自己的“不吐不快”，可是，当你想到你的这句不经意的话而给自己的带来困扰时，你还会无所顾及的说话吗？“枪打出头鸟”，太过嚣张会成为众矢之的，因为通常情况下，人们都会对那些对自己构成威胁的人采取措施。而隐藏自己、避其锋芒，才能保全自己。

隋朝到隋炀帝年间，皇帝已经十分残暴，人民越来越忍受不了隋炀帝的暴行，于是纷纷起义，甚至出现很多官员倒戈的现象，转向农民起义军，因此，隋炀帝的疑心很重，对朝中大臣，尤其是外藩重臣，更是易起疑心。唐国公李渊曾多次担任中央和地方官，所到之处，悉心结识当地的英雄豪杰，多方树立恩德，因而声望很高，许多人都来归附他。这样，大家都替他担心，怕遭到隋炀帝的猜忌。

正在这时，隋炀帝下诏让李渊去行宫晋见。而李渊此时正生病卧床，根本无法前往，隋炀帝很不高兴，产生了些许怀疑。当时，李渊的外甥女王氏是隋炀帝的妃子，隋炀帝向她问起李渊未来朝见的原因，王氏回答说是因为病了，隋炀帝又问道：“会死吗？”

王氏把这消息传给了李渊，李渊更加谨慎起来，他知道自己迟早会被隋炀帝所不容，但过早起事又力量不足，只好隐忍等待。于是，他故意广纳贿赂，败坏自己的名声，整天沉湎于声色犬马之中，而且大肆张扬。隋炀帝听到这些，果然放松了对他的警惕。这样，才有后来的太原起兵和大唐帝国的建立。

李渊的做法是典型的韬晦之术，假如李渊当初不是自毁声誉、低调做人，而是怒火中烧或者起兵的话，恐怕会在实力悬殊、时机不成熟的情况下失败，也就不会有了后来造福于黎民百姓的大唐盛世。

历史上，这样能委曲求全的人，着实不少懂得克制自己，为了大局考虑，这才是真正的智慧；逞一时之快，发泄了自己的不满与愤怒，却恰好中了对手的圈套，过早地将自己的底牌亮出来，往往会在以后的交战中失败。

总之，与对手过招，是用实力说话的，而在实力不佳时，我们不可硬碰硬，应当放低自己，让对手摸不着虚实，以此为自己争取时间积累实力。

学习最前沿的知识，在竞争中领先于别人

很久以前，我们知道“知识就是力量”“知识就是金钱”，这两句至理名言在我们这个时代更是已经被认可且验证了。最新的统计数字表明，近5年全球新诞生的百万富翁中，80%以上是从事以网络计算机为代表的高科技行业及以风险投资为代表的金融行业，并且大都是30~40岁的年轻人。这些年轻有为的成功者都来自我们普通的百姓中间，他们的昨天与我们芸芸众生一样平凡普通。没有显赫的门庭，没有结交权贵到处钻营，没有凭条子批地皮，没有鲸吞国有资产，没有贪污受贿巧取豪夺，他们出身平凡，艰苦求学，以知识为资本，创下了

骄人的财富与业绩。

其实，这些年轻的富翁身上展现出来的就是我们推崇的“匠人精神”——刻苦、求知、不断前进。早在1990年，托夫勒就在其《权力的转移》一书中预言：“知识”在21世纪必定毫无疑问地成为首位的权力象征。他认为：“知识除了可以代替物质、运输和能源之外，还可以省时间；知识在理论上取之不尽，是最终的代替品，它已成为产业的最终资源；知识是21世纪经济增长的关键因素。”在生活中的几乎一切领域，我们都能感受到知识与信息的重要性。

因此，我们每个人，无论我们处于什么岗位、什么行业，都始终要记住，无论何时都要保持学习的态势，并且要学习最前沿的知识，唯有如此，才能在竞争中立于不败之地。

在1920年乃至以前，在汽车生产领域内，生产一辆车的成本的85%以上付给从事常规生产的工人和投资者；到了1990年，这两种人得到的份额不到60%，其余部分则分给了规划者、金融人员、设计师、工程师、广告公司、销售公司等，这些是善于识别新问题和解决问题的创新者。

到了今天，财富分配的规则很显然已经真正以知识为轴心。例如，在半导体芯片的价格中，3%归原材料和能源的主人，5%归拥有设备和设施的人，6%归常规工人，85%以上则归从事专门设计、工程服务或拥有相关专利和版权的人。

一边是大量的工人下岗找不到工作，一边却是高级人才的薪资越来越高。显然，知识与才能已开始把握我们的命运，决定我们的财富。现代社会的人际竞争，很大程度上已归结为知识的竞争。有知识者有财富，将成为普遍的规律。

现代社会，面对激烈的竞争，面对瞬息万变的环境，那些内心焦虑的人往往看不清楚真正的自己，也就不能及时察觉自身的缺点，不能用最快的速度修正自己的发展方向，也必然会在学业和事业中落伍，被无情的竞争所淘汰。

据《北京青年报》报道，联想集团实行股份制改革以来，随着其认股权证的分配实施，使一些员工一跃成为百万富翁。此外，在以往“联想”内部的效益水平及激励机制基础上，已经产生了一批百万富翁。两者相加，“联想”这架高科技财富机器“制造”出来的百万富翁数量已有数百人之多。这些百万富翁普遍比较年轻，平均年龄不超过30岁。

有关专家分析认为，如今企业已经渐渐成为中国社会财富的创造和承载主体，随着各种形式股份制的推行，有知识才能的年轻人将会成为富翁的主流。而创新是企业家的本质特征，是企业家精神的灵魂。从一定意义上说，企业家之所以成为企业家，很大程度上取决于他们的创新精神。企业家的创新精神体现在能够发现一般人无法发现的机会，运用一般人不能运用的资源，找到一般人无法想象的办法。

现代社会任何一个渴望有所建树的人，都不能再固守老经验、老方法、老行业，尝试去发现新的事物并努力钻研，你会有所成就。

在目前看来，学科中最前沿的知识，在不久的将来很有可能就会是行业普遍需要的知识。如果早学习了它们，就会在未来的工作中领先别人，从而获得技术领先的很多好处，例如高工资，更好的工作机会等。

也许有人认为，那些年龄偏大又没有一技之长的人就只有给人家打工的份，其实不然。我们在这里所指的知识，并不都是要在大学里专门学习的公式、定律、规则之类，而是包含着非常广泛的内容，按托夫勒的定义包括“信息、数据、图像、想象、态度、价值观，以及其他社会象征性产物”。实际上，对于致富起至关重要作用的专门知识，相当一部分是要在“社会大学”里才能学到的。没有读过大学的人，并不等同于没有知识。况且，在中国这样一个大国，市场巨大，对于那些在意识和经验上有准备的人，机会也一样存在。在知识经济时代的班车上，只要我们认真地掌握知识，关键是有效利用知识，就能走上致富之路。

总之，我们任何人，应该有与时俱进的学习心态和超前意识，要学会预测市场潜在需求，懂得捕捉发展的商机，避开他人已经暖热的市场，才能大大提高自己的竞争力。

第 06 章

没有学习鞭策，就没有一流的匠人和近乎完美的技艺

“活到老，学到老”，这是我们时常挂在嘴边的一句话，这句话在那些一流的匠人身上得到了明显的体现，同样，对于现代企业中的人们来说，有着更深一层的意味。要知道，现代社会知识更新换代的速度之快、竞争之激烈，无不告诉我们要保持随时学习的态度。的确，学校里学的东西是十分有限的，在工作中和生活中所需要的相当多的知识与技能，完全要靠我们在实践中边学边摸索。社会是更大的一本书，需要经常不断地去翻阅，唯有如此，我们才能时刻占据竞争中的优势地位。

鞭策自己，始终燃烧求知的心

生活中，相信我们任何人都知道，无论我们处于什么位置，我们都要自我鞭策，才能不断奋进。一个人若是自我满足、安于现状、自暴自弃，那么，他最终只会离成功越来越远。林肯总统曾经说过一句话："一个人只有被叮咬着才会不断努力，不断奋进，才会不断进步。"事实上，我们所推崇的执着、好奇心、求知欲和执行力，这个精神正好与我眼中的工匠精神有异曲同工之处，任何一名一流的工匠，他们的完美技艺，都是在不断的探索和求知中获得的。另外，新时代，我们对工匠精神也提出了新的要求，其中就有重要的一条——不断学习，因为知识，是一个人最宝贵的财富。

同样，现代社会，任何人，也包括企业的员工，都不可故步自封，而应该不断学习、精进技艺，唯有这样，才能不断进步，成就更优秀的自己。

1912年，在伦敦的一个手工制造金饰品的犹太家庭，一个小男孩出生了，他的名字叫赫伯特·查尔斯·布朗。为了躲避排犹，他的父亲带着全家人举家搬迁到了美国芝加哥，并在那里经营一家小五金店，日子过得不算富裕。

在布朗很小的时候，他的父亲就告诉他要长志气、努力上进，这是犹太民族的教育方式。后来，父亲又倾其所有供他上学。

小布朗十分用功，放学后还坚持学习，家里没有电灯，于是他就到路灯下学习。下雨的时候，就打着伞在路灯下学习。他的学习成绩进步得很快。布朗14岁的时候，父亲去世了，于是他不得不退学来经营五金店，可是他还是一直在坚持自学。

母亲知道他想学习，于是就在他17岁的时候，让他去读了高中，虽然他已经三年没有上学了，可是他依然凭借自己的勤奋以优异的成绩考上了赖特初级学院。

在大学期间，他对化学产生了浓厚的学习兴趣，教授十分看好他，并一直指导他学习，还建议他去芝加哥大学学习。

对于一个穷孩子来说，这是一件十分困难的事。因为他需要一边打工一边读书，只有靠奖学金才可以上学。后来，他果真拿到了奖学金进入了芝加哥大学化学系。

布朗进入芝加哥大学以后依然十分勤奋，仅用了9个月的时间就完成了大学四年的全部课程。大学毕业后，由于他的勤奋刻苦，他成了著名化学家斯蒂格利茨的助手。他一边工作，一边读研究生，仅用一年时间就获得了硕士学位，又在第二年得到了博士学位。后来，凭借自己的勤奋，他在有机硼方面作出了独特贡献，1979年，他获得了诺贝尔化学奖。

人必须经过不断地学习才能在某方面获得成功，布朗就是凭借自己的勤奋才取得了如此骄人的成绩。

人类拥有巨大的潜能，而这种潜能的激发，在很多时候都来自一种强烈的追求，这就是求知欲。生活中的人们，也许你认为自己没有受到良好的教育、你的学历不高，但你可以有强烈的学习精神和求知欲，具有超强的拼搏精神，你就能做最好的自己！

在世界文学史上，莎士比亚无人不知、无人不晓，他是英国伟大的戏剧家和诗人，他所创作的《罗密欧与朱丽叶》的剧情让无数人动容。他毕生创作了37部戏剧。

莎士比亚7岁时就开始读书，但他并不喜欢那些古板的祈祷文，而偏爱那些用拉丁文写的历史故事。

每年的五月份是莎士比亚最喜欢的时间，因为每到这时候，就有戏班子演出，莎士比亚是他们的忠实粉丝，他总是如痴如醉地观看每一场演出，直到戏班子离开。

14岁那年，莎士比亚就结束了他的学校生活，他不得不出来谋生，他做过很多工作，在父亲的店铺里打过工，在码头做过货物搬运工，也做过售货员。他发现，自己对这些工作一点兴趣也没有，但在他的心中，对戏剧的热情一直没有磨灭。

后来，莎士比亚在戏院找到了一份打杂的工作，他主要的任务是看管那些有钱人的马车和衣帽，在后台给戏剧演员们服务，但就是这样，他已经很开心了，因为他可以直接接触到戏剧了。一有时间，他就看演员们排练，这里，成了他的戏剧学校。这里也孕育了一位名垂青史的戏剧大师。

1592年的新年，对于莎士比亚来说是个难忘的日子，他的剧本《亨利六世》在伦敦最大的三家剧场之一——玫瑰剧场上演，莎士比亚的名气一炮打响了。很快《理查三世》《威尼斯商人》《温莎的风流娘儿们》《哈姆雷特》《奥赛罗》《李尔王》相继上演，莎士比亚从此登上了艺术的顶峰。

莎士比亚为什么能在戏剧上取得如此巅峰的成就？可以说，是求知欲推动他不断学习、不断拼搏和努力的，最终，他成就了自己的梦想，达到了人生的辉煌境地。

对于我们任何人来说，也要挖掘自己的求知欲。当然，求知欲的获得来自深刻的自我剖析，一个人，只有看清楚自己的缺点和不足，才能把自我剖析的手术刀滑向心灵的深处，才能对心灵进行一番追问：我的缺点到底在哪里？明天我将如何努力？有这样一句格言说得很好：一个目光敏锐，见识深刻的人，倘若又能承认自己有局限性，那他离完人就不远了。

成为一流的匠人，首先就是懂得自我管理

生活中，人们常说，“金无足赤，人无完人”，人最大的敌人是自己。只有能够战胜自我的人，才是真正的强者。的确，一个人的自我管理能力如何，直接关系到他在人生路上走得是否平衡，而我们发现那些一流的工匠，他们的必备的特质之一就是懂得自我管理，因为一流的技艺的获得需要付出超越于常人的努力和心血，并且在这一过程中，必然会遇到困难，此时，更需要调节和控制自己的心态，鼓励自己能做到，这样可以给自己精神动力。

日本女作家吉本芭娜娜出版了四十本小说和近三十本随笔集，《鲤》杂志曾采访过她：“许多女人生了小孩之后就没有

闲暇时间了，您现在有了孩子，是如何抽出时间来写作呢？”吉本芭娜娜说：“确实没什么时间，但是我一直在拼命。为了争取多一点的写作时间，每天我都在与时间赛跑，最夸张的时候，你能想象吗？我几乎是站着吃饭。”估计许多年轻人看到这里会感到羞愧吧，比起吉本芭娜娜，许多人总是感慨自己时间不够、事情做不完，却从来不去利用那些零碎的时间。

财经作家吴晓波说：“每一件与众不同的绝世好东西，其实都是以无比寂寞的勤奋为前提的，要么是血，要么是汗，要么是大把大把的曼妙青春好时光。”如果倾力付出自己的努力，那早晚会从量变到质变，你现在每走的一个脚印，都会成为将来实现人生飞跃的跳板。

同时，自我管理对于我们任何一个人也显得尤为重要。在你们的工作和生活中，它在很多方面都发挥着巨大的作用：它能督促自己去完成应当完成的任务；能抑制自己的不良行为，如贪婪、懒惰；能缓解不良情绪，如冲动、愤怒、消极；能抵御外界形形色色的诱惑，等等。相反，如果没有或缺少自我控制，不良的行为和情绪就会反过来控制你，你将失去意志力、信心、执着和乐观，失去获得成功的机会，甚至会偏离人生的方向，误入歧途。

当然，做到严格要求自己是需要一种自制力的，而自制力的培养是一个循序渐进的过程，因为自制力不可能是一念之间产生的，也不是下定决心就可以立时形成的，其形成需要一个过程。如果你给自己规定从明天开始就要好好学习，一旦达不到目标就会产生挫折感和无能感，丧失改变自己的信心。所以，你应把培养自制力融入到日常生活中，而不要期望一蹴而就。

“我认为所谓的自我管理，首先就是苛求自己。我把一个星期的工作计划分为上午和下午两部分，把要走访的地方6等分。星期一走访葛饰区立石路的1–100号街，星期二走访第101–200号街，星期三……这样一个星期结束以后，就转完了我所负责的整个地段。我把这种做法一直作为绝对的、至高无上的命令来执行。所谓硬闯和推销管理工作，都安排在每天下午去搞。上午专搞接洽生意或类似接洽生意的工作，从下午4点起，搞交谈、修车等工作。我的工作计划大体上就是如此，并坚决执行——这就是我的推销计划，也就是自己管自己。

“参加工作的第一年，往往都是我一个人在街道上转来转去，觉得非常难受又寂寞，有时也深感推销工作非常痛苦。可是，每逢这时，我就勉励自己说，自己痛苦的时候别人也痛苦。说老实话，我想如果推销工作是一帆风顺的，也就无所谓自己管理自己了。自己管自己这个问题之所以受到重视，是因为任何人都不能随心所欲地去做事情，因为今天一去不返，人们才要求这么严格。我也经常有精神不振的时候，遇到这种情况，这一定在星期天去登山。当我一步一步地克服了前进中的困难而登到山巅时，那种激励的心情简直就和接受定货、交出汽车时的激动心情完全一样。”

从这两段话中，我们发现，这里，这位推销员的这句话：“我想如果推销工作是一帆风顺的，也就无所谓自己管理自己了。”的确，做任何事，假如不存在困难，那么，也就体会不到成功时的快乐，以这样的信念激励自己，能帮助我们克服内心的很多负面心理。

要想做到严格自己，青少年朋友们，你需要做到：

1.认识到自律的重要

你要培养坚定的自制力，首先要从心里认识到自律的重要，然后才能自觉地培养。只有坚决地约束自己、战胜自己，最终才能战胜困难，取得成功。

2.为自己设立适宜的目标

你的自我期望要建立在符合自己的实际情况、切实可行的基础之上。你应该有理想、志向，但这种理想和志向，不能是高不可攀的，也不应当是唾手可得的，而应该是通过一定的努力，可以实现的适宜的目标，应该符合个人的个性特点和实际能力水平。

总的来说，在工作中，你遇到的最强大的对手往往不是别人，而是自己。你只有做到严格要求自己、约束自己，才能抵制来自外界的各种诱惑，才能不断克服陋习、完善自己，才能成为行业的佼佼者和人生的赢家。

不断充电，是你纵横职场的资本

当今社会，创新已经成为企业、社会、国家发展的重要主题，更是匠人精神对新时代员工的新要求，每一个角落都需要知识、需要创新、需要正确决策、需要科学管理，“活到老，学到老”这句话对于现代社会的人们，尤其是职场人士来说，有着更深一层的意味。

身处职场，如果没有过硬的职场拼杀本领，那么，职场的位置可就“风雨飘摇”了。无论是拿出业余时间去深造，还是在工作中不断学习，作为职场人士，我们都应该展开思索与行动，为自己量身打造一个充电计划，并最终拥有纵横职场的能力。要做好职业定位再去充电。

本田宗一郎曾经是一名自行车修理工。因为对生命充满热情，也相信自己只要努力就能获得成功，他在这份平凡而又普通的工作中投入了极大的热情，最终凭借实力拥有了自己的自行车修理店。在此之后的半年时间里，他的修理店生意越来越红火，但是他仍然不知满足，而是努力学习修理摩托车。

毫无疑问，摩托车的构造和自行车相比更加复杂，但是这并没有难倒本田宗一郎，反而给了他极大的激励。他一边经营自行车修理店，一边利用工作之余的闲暇时间刻苦钻研摩托车。在摩托车大赛中，他以自己亲手改装的摩托车赢得了比赛，也从此得到了更多的关注。然而，他还是觉得自己需要充电，为此他特意去了汽车专科学校学习，当了一名不要学位的旁听生。学习结束后，他觉得时机已经成熟，因而水到渠成地成立了东海精机公司。即便他已经在人生的路上走了很远，但是他依然求知若渴，非但没有自我满足，反而怀着更加谦虚的心态不断学习。在去欧美进行考察时，他花费重金买下了所有款式先进的摩托车，并且将它们带回日本仔细研究。两年多的时间过去，由东海精机公司改名而成的本田技研株式会社生产出了比世界知名摩托车更好的摩托车，由此打出了自己的品牌。后来，本田宗一郎更是进军汽车产业，在历经千辛万苦之后于1936年研制出第一辆本田汽车。从此之后，本田汽车经过多年发展，成为世界知名品牌，足以媲美福特等世界名牌汽车。

从修理自行车，到修理摩托车，再到学习汽车，生产汽车，本田宗一郎的人生无疑颇具传奇色彩。他之所以能够创造业界传奇，也实现了人生的辉煌，就是因为他始终怀着空杯心态，努力学习，也相信只要自己坚定不移地付出努力，就一定能够获得成功。和那些名牌大学毕业的技工相比，本田宗一郎只是一个名不见经传的修理工，他之所以能够最终拥有让世人瞩目的成就，就是因为他勤奋好学、不懈努力的精神，可以说，他也是匠人精神的典型代表。

然而，很多已经步入社会的年轻人，觉得自己上学的时候没有好好读书，现在后悔不已，然而毕竟已经踏入社会，每天要忙于工作和养活自己，虽然知道应该及时充电，却总是以种种借口搪塞自己，或依旧在是否要报名充电的路上徘徊着。

也许有很多朋友都会说自己没有时间学习，其实学习的方式有很多，诸如坐在学校里的课堂里是学习，“三人行必有我师”是学习，甚至向他人请教或者积累工作经验，都是不同形式的学习。只要作个有心人，我们一定能够在生活和工作中找到很多学习的机会，也能够毫不间断地提升自己。

小张和小李在同一个部门工作，他们进入公司时间差不多长，在工作上的表现也都不错。因而，到底年底评选优秀员工时，他们都得到了提名。小张是名牌大学毕业的，原本他觉得自己胜券在握，一定能击败小李，成功当选优秀员工。然而，最终的评选结果出来之后，小张却大吃一惊。原来，小李的得票居然比他高出了十几票。要知道，这可是很大的差距啊。思来想去，小张决定认真观察小李的表现。

经过一段时间的观察，小张发现小李虽然在表现上与他相差无几，但是却一直都在努力提升自己。小李自知文凭不过硬，因而特意在外面报班参加会计师考试。而且，每天早晨小李都会提前到公司，给办公室的花花草草浇水。有的时候，其他同事有紧急的事情需要人力支援的，小李宁愿放下自己的工作等着晚上加班，也会主动帮助同事们解决问题。就这样，小李的人缘越来越好。虽然小张的学历占优势，工作上的表现也与小李不相上下，但是有相当多的票都掌握在每个同事手里，决定权是他们的。想到这里，小张暗暗下决心：小李，我一定要比你更努力。

同样起跑线上的人，为何有人远远朝前，有人却落后不前呢？在职场上，要想取得成功，只有过硬的专业知识是不够的，我们还要更加努力，经营好人脉关系。而且，现代社会知识更新的速度很快，仅仅靠着大学里的那些知识也不足以促进自己的发展，还必须随时充电，每天保持进步。

具体来说，我们需要做到：

1.找好充电的切入点

作为一名工作多年的职场人士，不一定要像职场新人一样，为了多多益善的证书而付出过多的精力。你要做的，就是找好充电切入点：一是职业所需极其实用的东西，二是本职工作能力的培养。

2.充电是为了更好地敬业

找到一份工作不容易，能“站住脚“更难，如果因为继续深造耽误了目前的工作，与敬业精神就不符，那么就不会有相应的业绩；没有业绩，怎么保证以后能找到更好的职位呢？所以说，充电和敬业不该有任何冲突，充电是为了更好地敬业。

3.发现身边值得学习的东西是你最好的充电内容

深造不一定要脱离现在的工作，更没必要脱产走回学校。因为年龄、经济等条件不允许，我们不可能再走回纯粹的学生时代。随用随学，做有心人，留心身边的人和事，学会随时发现生活中的亮点，并注意总结别人的成功经验，拿来为自己所用，这可能是生活和工作中能让自己进步得最快的一招。

跟上时代，并让自己生活有趣、谈话有料的上上之策，就是给自己充电。一个想要越变越好的人，莫不希望能够扩大知识领域，并从中获得启示。知识不仅是力量，而且像一面镜子一样可以照见自己的优缺点，让我们不仅拥有自知之明，还能具有先见之明。终身学习，是每一个职场人士应当给予自身的功课，这样才有助于塑造一个心智丰富且具有良好世界观的职场精英。

每一个同事，都有你学习的地方

现代社会，作为企业员工，我们都知道充实的内在对一个人的发展的重要性，于是，为了丰富自己的大脑，很多人进修、上电大、参加培训等，这固然是充电的良好方式，但聪明的你可能还忽略了一点，为什么不向“同事”们请教呢？尤其对于那些精力有限的人，这种学习方式可以节省时间、不至于影响工作和家庭生活。当然，我们若想获得他人的帮助，还得注意请教的方式，试想，一个不苟言笑、冷漠、拒人于千里之外的人，别人会乐意帮助你吗？

我们不得不承认的是，生活中，有很多这样的人，他们遇到问题不愿意向周围的人请教，更愿意独来独往，其实，及时请教，不仅能改善你的人际关系，还能让你在工作是上更有热情，有这样一股动力，成功指日可待。

张大姐是公司里资历较老的员工，她对专业技能的掌握程度可谓无人能及。不过，正是因为是老员工，在单位干了几十年，她的年龄也不小了，对待新事物的理解和接受难免有点力不从心。特别是电脑、互联网的介入，张大姐越来越感觉到自己需要学习的地方太多了。这方面，她最敬佩的就是她的顶头上司刘主任，刘主任虽然和自己年龄相仿，但却是个新潮人。有些时候，对于电脑里出现的单词，张大姐都要向刘主任问一问是什么意思、怎么发音，自己再鼓弄半天。

对此，刘主任经常对张大姐说：“老张，这些你不必太在意，有事我们会帮你解决的。”

张大姐却总是这样说：“不行啊，该我会的东西一定要弄明白，我虽然老了，但我还不想被淘汰。”

刘主任对张大姐的这种态度很钦佩，还特意表扬了她的这种学习精神。

的确，对于职场人士来说，不懂就问是一种很好的工作和学习态度，因此，身处职场，我们都要明白，三人行必有我师，求教是一把好的学习利器。从另一个方面讲，无论是谁，都渴望被人尊重，而向领导请教，就能很好的满足他们的虚荣心，获得他们的好感，同时又能学到知识，一举两得，利人利己，何乐而不为呢？这不是逢迎拍马，也不是对方有多高明，自己有多愚蠢，这是职场的策略。

事实上，当一个人只专注于某一方面特长或者某一爱好时，一般在此方面投入的精力更多，期望也就越多，也就越容易取得成绩，也容易自满，但“人外有人，山外有山”，即使你这次成功了，但并不一定代表你永远成功。而如果你能培养自己多方面的能力、兴趣、爱好等，那么，你在拓宽视野的同时，也会学习到各种抗挫折的能力、知识、经验等，具有较完善的人格，这对于提高自己的自理能力、交往能力、学习能力和应变能力都有很大的帮助，也有助于你独自战胜困难提供勇气和方法。

那么，在请教的过程中，我们该注意哪些问题呢？

1.主动学习，主动求教

人们常说，兴趣是最好的老师。的确，只有主动、积极学习，才能挖掘出学习的乐趣，也才能提高效率。反过来，学好了，有成果了，兴趣也就有了。因此，对于学习过程中老是有不懂的问题，一定不要羞于向人请教，向人请教，不懂的地方一定要弄懂，一点一滴地积累，才能进步。如此，才能逐步地提高效率。

2.请教时要懂礼节

懂礼节，是对现当代职场人士的重要要求。而且，如果经常向他人请教，更要求彬彬有礼，讲究分寸。如果不分场合，不看对象，对任何人都表示出亲热，心直口快，喜欢攀谈，就可能引起对方或他人的误会，使之产生错误的联想，双方都会感到尴尬，从而影响到正常的交往。

3.适当示弱

比如，工作中，聪明人就不会整日和黏着前辈、说好话，而是会主动制造机会，让老前辈帮助自己，以显示前辈的能力与水平。这样，一旦满足了对方好为人师的心理，自然愿意帮助你。同时，在与老前辈打交道的时候，一定要谨言慎行，万不可自命不凡，获得老前辈的支持，你在求得成功的路上便会如虎添翼！

4.认真听取别人的意见

如果有人当面向你提意见，那么，你千万不要不耐烦，也不要随便打断对方的谈话。无论对方的观点是对是错，你不要贸然地反对或者批评对方："你这是废话""错了"。即使你有这样的念头，你也不要表达出来，以免刺激对方，使他们心灰意冷，甚至真的对你转变为敌对立场。

5.未雨绸缪，搞好人际关系

如果你渴望成功，渴望拥有优质的生活，那么，千万别忘了锻炼你的力量之源——人脉。拥有良好的人际关系是你通向成功的一条捷径。你或许从没有去过好莱坞，但你绝不会不知道好莱坞最流行的一句话——“成功，不在于你知道什么或做什么，而在于你认识谁。”美国石油大王约翰洛克菲勒也说过：“与人相处的本领是最强大的本领。”因此，如果你希望在关键时刻得到他人的帮助，就不要忘记在平时就做到人际关系的积累！

曾子回：“以能问于不能，以多问于寡。”（《论语》）能力强的人还需请教能力差的人，知识多的人还需请教知识少的人。要懂得向同事学习、善于向他人学习，高效地积累知识和经验，从而助力自身的成长。

各方面提升自己，跟上时代的步伐

不管是在生活中，还是在职场上，我们都认识到竞争的激烈，而也只有提升自己的能力，才能提升竞争力，才有话语权，因此，我们可以说，你的价值，决定了你的身价。如何提升自己的价值呢？在很多人的心目中，自我提升就是去学习，去自修一个更高的学历。其实，提升自我价值并非如此片面的。因为人应该全方位发展，而决定我们身价的并非只有学历，因而，我们应该从多方面提升自己，包括学历、知识、内涵，也包括仪表、价值、心态、工作能力和社交能力等。总而言之，自我价值应该符合社会对人才的多元化要求，也应该符合我们自身的情况，使自己得到长足发展。现实生活中，很多人都以自我为中心，一旦自身价值受到损害，就会抱怨连天，抱怨命运不公，抱怨他人的阴谋诡计，却唯独忘记从自身出发，考虑问题究竟出在哪里，如何才能更好地弥补损失。

小米进入公司已经三年多了，但是最近在公司内部的竞聘中，原本志在必得的她，却败给一位新手——刚来公司一年不到的小王，错失办公室主管的位置。其实，论经验和论能力，小米都不比小王差，最重要的是，小米的工作经验也更丰富。思来想去，小米都觉得心有不甘，因而特意找到负责招聘工作的刘总，问清楚了原因。

原来，小王在进入公司之后，就报名参加了提升学历的自学本科课程，而且是人力资源管理专业，再有一年就毕业了。因而公司领导从长远考虑，觉得小王更适合办公室主管的职位。和小王相比，小米的专科学历和文秘专业，则显得薄弱了些。

了解原因之后，小米不再感到愤愤不平，而是深刻反省自己，觉得自己在学习意识方面，没有做到更加积极主动的提升。为此，她痛定思痛，也报名参加了业余本科的学习，专业是财务管理。原来，小米一直对财务方面的工作很感兴趣，因而她准备在学历提升之后，申请进入财会部门工作，从而给自己更大的发展空间。这件事情更是使小米深刻意识到，一个人的身价取决于他的价值，而价值的提升是多个方面进行且要与时俱进，持续不断的。因而，她决定在未来的工作中，始终保持学习的状态，也注意从多方面提升自己的价值，这样才能增加自己竞争的筹码。

事例中的小米，之所以失去了竞争中的优势，就是因为她的学习意识不够强烈，在学习上缺乏主动性。幸好，在知道问题的所在之后，她马上调整心态，积极地投入学习，极力缩短自己与小王之间的差距，为下一次的竞争储备能量。

一个人的身价，无疑是他在职场上竞争的筹码。不少人认为自己学历高，或者资历深，就觉得自己一定占据竞争的优势，其实不然。现代职场就是一个激烈的竞争市场，考验着一个人多方面的素质，除了讲究学历之外，也会讲究经验、人际交往能力、合作能力等。因而，我们除了像小米一样保持积极的学习态度之外，还要注意从各个方面提升自己。

的确，在瞬息万变的当今社会，真正的危险不是经验的不足，而是故步自封，跟不上时代的步伐。一个人要想成功，勇气、努力都必不可少，但更重要的是，人生路上要懂得与时俱进，要懂得不断收集各种资讯，使自己对环境和追求的事业的方向有更充分的了解。因为一个人只有了解得越多，才越有应变的能力。

同样，现代社会，我们也只有稳扎稳打学好各种知识，才能从容地面对各种挑战。否则，只顾吃喝玩乐，不干正事，不务正业，那么，只能“书到用时方恨少”“少壮不努力，老大徒伤悲”了。

另外，在学习的过程中，你还要有善于总结的习惯，无论学习的效果怎样，只有做到及时总结，才会及时反省，尤其是对于错误和失败。要知道，成功源于失败，因为只要能从失败中学得经验，便永不会重蹈覆辙。失败不会令你一蹶不振，这就像摔断腿一样，它总是会愈合的。大剧作家兼哲学家萧伯纳曾经写道：“成功是经过许多次的大错之后得到的。”总之，对于学习，你只有与时俱进，以高标准的要求和精益求精的态度，聚精会神抠细节，才能实现突破。

当然，学习知识并不是要求你要死读书，一味地沉溺于书本知识只会使你的大脑变得僵化。固定的思维方式容易把人的思维引入歧途，也会给生活与事业带来消极影响。要改变这种思维定式，需要随着形势的发展不断调整、改变自己的行动。任何一个有创造成就的人，都是战胜常规思维的高手。

世上没有绝对的成功，只有不断的努力，才能让你的成功之路走得更快更远。生活中的人们，从现在起努力吧。一个人的工作也许有完成的一天，但一个人的教育却没有终止。

总之，终身学习能帮助我们不断拓展自己的学习领域，开拓自己的知识视野。孔子说：“好学近乎知（智）。”学习是一种习惯，终身学习则是一种理念。一个人一旦树立起终身学习的理念，就会认同“万事皆有可学”这个道理。伟大的成功和辛勤的劳动总是成正比的，有一分劳动就有一分收获，日积月累，奇迹就可以创造出来，这是绝对的真理。只有勤奋才是最高尚的，才能给人带来真正的幸福和乐趣。我们要坚定“奋斗不息，学习不止”的信念，日复一日，沿着知识的阶梯步步登高，养成丰富自己、重视学习的习惯。

第 07 章

专注细节，匠人之路需要一步步走

生活中，人们常说，细节决定成败，这一点，也适用于现代企业管理与员工工作，很多员工工作失误乃至企业失败，往往是由于细节上没有尽力造成的。把任何细节做到位，企业就不会存在问题。我们身边，想把事情做好的人很多，但是愿意把小事做细的人却不多，我们不缺少精明能干的管理者，但缺乏精益求精的执行者；我们不缺少各类规章制度，但缺乏不折不扣的执行者，而这，需要的就是一种匠人精神，因此，任何一个出色的企业员工，都应该关注事情的细节，善于留意观察身边的人和事，进而做出出色的成绩。

重视细节的企业，才有长远的发展

现代社会，随着信息技术的不断发展，任何一家企业都认识到自己在管理水平、效益水平上的不足。事实上，他们也都尝试过许多先进的管理理论和方法，但效果却不佳。这是因为很多企业的细节工作没做到位，“细节决定成败”，注意细节问题，这是工匠精神对新时代企业和员工的首要要求；做任何事都不要放过细微之处，用心做好每件事，这不仅是工作的原则，更是人生的原则。重视细节的企业，才有长远的发展，同样，重视细节的员工，才能将工作做到位，才能不断进步。

世界第一CEO杰克·韦尔奇也曾经说过：“干事业实际上并不是依靠过人的智慧，关键在于你能否全身心投入，并且不怕辛苦。实际上，经营一家企业不是一项脑力工作，而是体力工作。”荀子曾在《劝学》一文中提到：“不积跬步，无以至千里；不积小流，无以成江海。”这句话告诉我们重视细节与基础的重要性。生活中的人们，无论你从事什么工作，你都必须从现在起培养自己认真做事的态度。

20世纪60年代，美国兴起了零售行业热，众多的零售商店如雨后春笋般出现，40年后，零售行业的佼佼者当属沃尔玛。

一开始，沃尔玛只是美国中部阿肯色州的本顿维尔小城的一家零售店，而到目前为止，沃尔玛商店总数达到4000多家，年收入2400多亿美元，列全球500强首位，创造了一个又一个神话。

沃尔玛几十年来蒸蒸日上，而且依然呈不断扩张的趋势。尽管全球经济不景气，但沃尔玛仍然以良好的速度增长。沃尔玛成功的秘诀就在于它注重细节，从细节中取胜。比如，每个沃尔玛人都必须做到以下三点：

"视纸如命"：有一天，沃尔玛总裁山姆·沃尔顿在一家店面巡视，看到一位店员正在给顾客包装商品，随手把多余的半张包装纸、长出来的绳子扔掉了。山姆·沃尔顿微笑着说："小伙子，我们卖的货是不赚钱的，只是赚这一点节约下来的纸张和绳子线。"另外，沃尔玛从来没有专业用的复印纸，都是废报告纸背面；除非重要文件，沃尔玛从来没有专业打印纸；沃尔玛的工作记录本，都是用废报告纸裁成的。

不论你是总裁，还是经理，繁忙时都是店员：美国人平时很忙，购物人数有限，而一到公休日、节假日，人们便涌进购物中心。这时，几乎所有的沃尔玛店面都感觉人手不够，这时，沃尔玛从运营总监、财务总监、人力资源经理到各部门主管、办公室秘书，都换下笔挺的西装，投入到繁忙的商场之中，去做收银员、搬运工、上货员、迎宾员……

注意顾客需要的细节：沃尔玛开业之初不在任何一个超过5000人的城镇上设店，保障以绝对优势成为小城镇零售业的支配者。沃尔玛创始人山姆·沃尔顿说："我们尽可能地在距离库房近一些的地方开店，然后，我们就会把那一地区的地图填满；一个州接着一个州，一个县接着一个县，直到我们使那个市场饱和。”从20世纪80年代末到90年代初，沃尔玛开始进军都市市场。

沃尔玛的成功，我们可以归结为两个字：积累。而我们身边有很多年轻人，不屑于做细节的事，殊不知能把自己所在岗位的每一件事做成功、做到位就很不简单了。其实，人与人之间智力和体力上的差异并不是想象中那么大，当人们站在同一起跑线上的时候，比的就是细节上的功夫。

美国的施乐公司在复印机行业拥有500多项专利，假如一个企业要花钱买它的500多项专利，制造出来的复印机会比施乐贵几倍，根本没有市场。施乐用专利技术的办法来保护自己。

但是，施乐复印机有几个致命的缺点：

（1）施乐复印机一般是大型机，虽然速度性能都很好，但是价格高达几十万、上百万，大企业也只能买得起一台。

（2）大公司里的复印机只能放在一个地方，不同楼层的人哪怕复印一张纸也要跑到那去，很不方便。

（3）如果老板要复印人员晋升、涨工资等保密的文件，不愿意交给专门的部门复印，也就是说保密性不好。

日本的佳能公司根据施乐存在的这几个问题，积极开发设计小型复印机，把价格降到十分之一、二十分之一；而且简单易用，不用专人使用；小巧方便，每间办公室都可以有一台，老板的办公室也可以有一台，解决保密问题。

就这样，施乐因为细节的原因，被佳能打败了。

施乐这样实力雄厚的公司，却被佳能打败了，说明了什么？任何一家企业，如果不关注细节，就会遭遇失败的命运。

我们再来看下面一个领导者的管理教训：

刘洋从归国后，就在北京创建了一家自己的网络公司，生意一直红红火火。但年终进行账目审理后，刘洋发现，这一年来，居然根本没有盈利。到底是哪里出了问题？

他找来财务人员才知道，原来一直以来，他忽视了一个问题，网络公司在网站维护上的成本投入太多。而造成这一问题的又在于公司这一方面人员的多余，很多工作，同一个员工就可以解决，但却安置了太多的闲余人员。

在考虑这点以后，刘洋还针对公司其他问题进行了更细致的考虑，比如，公司员工的奖金制度应该加以调整并细化；员工的考勤制度也应该明确化……

在经过一系列的调整后，第二年的第一个月，刘洋就发现公司已呈现出一片大好的发展趋势。

的确，现代企业，无论大小，都不能实行“粗放式管理”，更不能“个人说了算”，企业要做到降低成本和增长效益，领导者就必须在管理上做到每个步骤都精确化、关注好每个细节。

对于企业来说，管理过程是一个复杂系统，自始至终贯穿着两股巨大的流向：人力、物力、财力形成的“物流”；大量数据、资料、指标、报表等形成的“信息流”。“物流”作为管理活动的主体，其畅通与否决定着管理质量的高低。而“信息流”的畅通则是“物流”畅通的前提条件。提高管理的效率与质量，必须围绕信息收集、处理、传递和反馈开展管理工作，着力建立适合信息时代的管理结构和运行方式，实现管理的标准化、数字化、可视化、实时化，用科技手段推动管理工作由粗放走向精确，由模糊走向清晰。竞争莫过于精确，成功更在于精确和细节。

不放过任何一个细节，才会趋向完美

老子曾说：“天下难事，必做于易；天下大事，必做于细。”它精辟地指出了想成就一番事业，必须从简单的事情做起，从细微之处入手的道理。一心渴望伟大、追求伟大，伟大却了无踪影；甘于平淡，认真做好每个细节，伟大却不期而至。这也是对我们推崇的匠人精神的最佳诠释。

在日本的很多工匠眼里，质量不好是耻辱。比如，在日本神户，有个叫冈野信雄的小工匠，三十多年来只做一件事：旧书修复。在别人看来，这件事实在枯燥无味，而冈野信雄乐此不疲，最后做出了奇迹：任何污损严重、破烂不堪的旧书，只要经过他的手即光复如新，就像施了魔法。在日本，类似冈野信雄这样的工匠灿若繁星，竹艺、金属网编、蓝染、铁器等，许多行业都存在一批对自己的工作有着近乎神经质般追求的工匠。

同样，现代企业中的员工，如果你想使改变现在的自己，使自己达到卓越的境界，那么你今天就可以达到。不过你得从这一刻开始，摒弃对小事无所谓的恶习才行，大事业是从小处开始的，你要明白，一砖一木垒起来的楼房才有基础，一步一个脚印才能走出一条成功的道路。

世界华人成功学第一人陈安之老师在演讲时曾举过这样一个例子：

一个业务代表与客户预约晚上10：00通电话，业务代表与妻子8：00就上床睡觉了，9：45闹钟响了。

业务代表起床，脱掉睡衣睡裤，穿上西装，梳妆打扮一番，精神抖擞，10：00准时与客户通了电话。

打电话5分钟。接着又脱掉西装，穿上睡衣睡裤，上床睡觉。这时妻子开始发问了：“老公，你刚才干什么呀？”

“给客户打电话。”

“你打电话只有5分钟，却准备了15分钟，何况又可以在床上打。你是不是疯了？”

“老婆，你不知道啊！背对客户也要100%尊重客户，我穿着睡衣给客户打电话，虽然客户看不见我，可是我看得见我自己！这是不尊重客户的。”

在别人看不到的地方，也丝毫不敢松懈，时时拿这个准绳要求自己，细节也就变成了习惯，那么再和人面对面交谈时，一个人的严谨和细心就可以自然流露。律己要严，有时候，行为上的一点点小疵，却有可能坏了你的大事。

事无大小，主要是看你所表现出来的精神和品格，从小节上被否了的人不要喊冤。一个老板不会把一个重要的经理位置，交给一位将空白的打印纸用来擦桌子的员工，因为他浪费而且没有责任心；一个力争上游的创业者也不会选择一个乱丢垃圾的人，作为自己的合作伙伴，因为他不讲规则没有自律精神。

事实上，有很多各个领域里的顶尖人物，当他站在高处的时候，依然拥有体察入微的细致，形成了强烈的人格感染力。

有一次，松下幸之助在一家餐厅招待客人，一行六个人都点了牛排。等六个人都吃完主餐，松下让助理去请烹调牛排的主厨过来，他别强调："不要找经理，找主厨。"

助理注意到，松下的牛排只吃了一半，心想一会的场面可能会很尴尬。

主厨来时很紧张，因为他知道请自己来的客人来头很大。

"是不是有什么问题？"主厨紧张地问。

"烹调牛排，对你已不成问题，"松下说，"但是我只能吃一半。原不在于厨艺，牛排真的很好吃，但我已80岁了，胃口大不如前。"

主厨与其他的五位用餐者困惑得面面相觑，大家过了好一会才明白怎么一回事。"我想当面和你谈，是因为我担心，你看到吃了一半的牛排就倒掉，心里会难过。"

这就是松下的典型风格，不以自我为中心，但对手下员工和生意伙伴自然有一种独特的凝聚力。

所以，我们都要以松下幸之助为榜样，在工作中也要做到细致入微，世界上许多伟大的事业都是由点点滴滴的细节小事汇集而成的。在小节上能够表现好的人，他在成功之路上一定会少许多漏洞。相反，如果一个人不能关注细节问题，往往会因小失大，自毁前程。完美的细节代表着永不懈怠的处世风格，也是一个人追求成功的资本。

心细如发，力求无差错和无漏洞

日常工作中，可能我们都有这样的体验：一个错误的数据，可以导致整个报告成为一堆废纸；一个标点的错误，可以使几个通宵的心血白费；一个烟头的失误，就可能导致一场巨大的火灾。这就是细节的力量，小失误往往会酿成大错。因此，在工作中，作为员工，每个人都要做到心细如发，力求无差错和无漏洞，这也是工匠精神对现代员工的要求。

“匠人精神”的核心是：不仅仅是把工作当作赚钱的工具，而是树立一种对工作执着、认真，对产品精雕细琢，对技艺精益求精的工作态度。可以说，在众多的日本企业中，“匠人精神”在企业上与下之间形成了一种文化与思想上的共同价值观，并由此培育出企业的内生动力。

在日本，著名的树研工业在1998年生产出世界第一的十万分之一克的齿轮，为了完成这种齿轮的量产，他们消耗了整整

6年时间；2002年树研工业又批量生产出重量为百万分之一克的超小齿轮，这种世界上最小最轻的有5个小齿、直径0.147毫米、宽0.08毫米的齿轮被称为“粉末齿轮”。

这种粉末齿轮到目前为止，在任何行业都完全没有使用的机会，真正“英雄无用武之地”，但树研工业为什么要投入2亿日元去开发这种没有实际用途的产品呢？

这其实就是一种追求完美的极致精神，既然研究一个领域，就要做到极致。

同样，现代企业和员工，在日常工作中，也要尽量做到面面俱到，关心细节处，只有这样，才能减少失误。有人说，细节就好比是精密仪器上的一个细微的零部件，虽然只是一个细小的组成部分，但是却起着重要的作用，一旦这个“零部件”出错，那就意味着全盘皆输。

拿破仑是一位传奇人物，这位军事天才一生之中都在征战，曾多次创造以少胜多的著名战例，至今仍被各国军校奉为经典教例。然而，1812年的一场失败却改变了他的命运，从此法兰西第一帝国一蹶不振，逐渐走向衰亡。

1812年5月9日，已经在欧洲大陆上取得辉煌成就的拿破仑率领着他的60万精英部队，准备远征俄罗斯。

法军果然是勇猛的，在短短的几个月内，他们就直捣莫斯科城。当他们进入莫斯科后，却发现市中心发生了火灾，这个城市的四分之一化成了灰烬。俄国沙皇亚历山大借势采取了坚壁清野的措施，使远离本土的法军陷入粮荒之中，即使在莫斯科，也找不到干草和燕麦，大批军马死亡，而很多军用武器因为无力运送不得不废弃。几周后，寒冷的天气给拿破仑大军带来了致命的诅咒。在饥寒交迫下，1812年冬天，拿破仑大军被迫从莫斯科撤退，沿途大批士兵被活活冻死，到12月初，60万拿破仑大军只剩下了不到1万人。

关于这场战役失败的原因众说纷纭，但谁又能想到是小小的军装纽扣起着关键的作用呢。原来拿破仑征俄大军的制服，采用的都是锡制纽扣，而在寒冷的气候中，锡制纽扣会发生化学变化成为粉末。由于衣服上没有了纽扣，数十万拿破仑大军在寒风暴雪中形同敞胸露怀，许多人被活活冻死，还有一些人得病而死。

拿破仑的失败，正验证了人们说的“成也细节，败也细节”，拿破仑正是因为没有将战争中的细小问题——如何抵御严寒考虑到，而导致了将士们活活被冻死。

那么，我们在工作中如何做到心细如发、防患于未然呢？

1.要培养自己重视细节的意识，做到全方位监督，及时查缺补漏

这是重要的工作态度，这要求我们养成细节意识，将细节意识融入日常的工作中。这样，当我们都在工作中养成反复检查、确保无失误的习惯时，造成失误的概率也就相对减少很多。同时，这也有利于对工作做到及时查缺补漏，及时发现问题，以便有针对性地解决。

2.一旦发现问题，迅速解决

关于这一点，还是需要我们付诸行动，我们应该致力于把

“查缺补漏”的精神贯彻到执行中，重视执行的每一个环节。也就是说，我们不可在这一问题上拖延，否则，会让问题扩大化，甚至到一发不可收拾的地步。

任何一名企业员工，在工作中，都应该抓住细节来预防问题的发生，来解决问题，来执行自己的决策。著名的企业家彼得·德鲁克说：“对企业来说，没有激动人心的事发生，说明企业的运行时时都处于正常的态势，而这只有通过每天、每个瞬间严格地对细节的控制才可能实现。”这里所说的细节，是那些不为人所注意，或难以被大家注意到的环节、行为和态度，而且，这些不为人所注意，或难以注意到的环节、行为和态度是攸关成败的。

拒绝“差不多”，一次就将事情做好

在任何一家企业内，我们发现都有一些“差不多先生”，他们做事只追求速度，不追求质量，认为凡事“差不多”就行，然而，在没有高标准的要求下，事情没做好，只能返工，这样便消耗了时间。所以，从提升工作效能的角度看，做一件事，从一开始就踏踏实实认认真真去做，哪怕是慢些也没关系；因为当你发现做错了要重新来过时，耗费的时间和成本会更高，甚至都不一定有重新来过的机会。

美国人约翰来到中国的北京，一住就是十年，十年间，他在中国的十几个城市都开了自己的家具城，管理着几千名员工。而我们没有想到的是，十年前，他不过是北京胡同里的一个家具学徒，他很爱木工，这也是他选择这个行业的原因。

他做事几乎达到了疯狂的程度，在大家都下班奔向夜店的时候，他依然在店里敲敲打打，连他的老板都说："不要在这件事上浪费时间了，它是毫无价值和意义的，约翰！"

约翰是个倔强的人，他觉得自己一定会在这个行业有所建树，于是，一有空闲，他就琢磨修理家具，很快他就熟练地掌握了修理家具的精湛技术。他如此认真仔细，甚至连老板都觉得有些过分。

不满足于良好状态，坚持做每一件事都精益求精成为了他的工作习惯，也正是这种良好的习惯将这位年轻人推上一个又一个重要的位置。

不难想象，返工的负面影响有很多，一是浪费时间，把一件事做两遍，事倍功半；二是影响品质，再怎么做，也做不成原来想的那个样子，就像破的瓷，粘好了怎么着也有痕迹；三是会影响他人，现在是分工细化的时代，一件事都是由几个人分头完成的，你的事要返工，就会影响别人的进度，你的产品品质不好，是返工品，那整个产品也就成了返工品了。

在美国的芝加哥市，曾经有一份调查报告显示，在这座城市，人们因为工作不认真而造成的经济上的损失，至少有一百万美元。曾经有一位商人建议，政府应该派遣大量的稽查人员来制止人们在工作中的马虎行为。在很多人眼前，有些小事实在不值一提，但他们没看到积少成多的力量，很多不值一提的小事聚集在一起，就影响到他们的工作效果了，也影响了他们在上司心中的形象，从而影响到他们的升职加薪。

可见，在行为准则的贯彻执行上，“第一次就把事情做好”是一个应该引起足够重视的理念。如果这件事情是有意义的，现在又具备了把它做好的条件，为什么不现在就把它做好呢？每个人只有把事情一步一步地做对了，才可能达到第一次就把事情做好的境界。

也许你会说，这怎么可能做到呢？人又不是神仙，怎么可能不犯错呢？不是允许合理的误差吗？不是允许一定比例的废品吗？ 实际上，这不仅是一种可能，而且是我们任何一个人都必须做到的。我们来试想一下，假设你所从事的工作是零配件的流水线生产，每一个配件被生产出来之后，都会被送去组装，对于那些零库存的产品，如果一个环节出现错误，那么，最终的结果就是导致全线停止生产，造成的损失是可想而知的。所以我们必须百分之百地“第一次”就把事情做对。

也许你会问，该怎样做才能做到一次就做好呢？对此，我们有以下建议：

1.先想好再去做

接到一项工作任务，要先看清文件的要求，开始时在思考研究工作要下功夫。不要大致一看，凭着感觉就做，直到最后也不仔细看文件。结果东西都做得差不多的时，才发现这样那样的问题。时间是否来得及是一方面，无谓的浪费也是不应该的。

其实，古人早就知道这个道理，叫“三思而后行”，只不过一到实践中有的人就做不好了。

2.先沟通好再去做

多听取不同的意见，让自己的方案或文件吸取各方面的意见，照顾各方面的想法，尽可能地减少矛盾冲突，让自己的工作成果一次性过关。

3.先考证再去做

在做工作前，要多方调研和考察，保证自己的工作成果经得起推敲和考证，才是减少返工的关键。

4.先分析再去做

不论是文字还是事物，都要反复推敲，不要轻易出手，自己不满意的东西，想要别人满意是不可能的。一个字，一个符号，一个报价都可能颠覆整个事情。特别是简单的事情，往往可能会疏忽大意，因小失大。

5.先请教再去做

不要以为自己有多大能耐，三个臭皮匠顶一个诸葛亮，多一个人的智慧，你的作品就多一份闪光点。多请教并不丢人，善于借力的人才能站在别人的肩膀上进步，过去的帝王将相没有一个不是依靠智囊决策的。

我们把这些准备工作做足了，做事的成功率也就高了，想必也就能减少返工的可能性。

对待客户，服务要做到无微不至

随着社会经济的发展和人们消费水平的不断提高，顾客对商品质量和售后服务的要求也越来越高。他们除了要求厂商不断提高产品质量和产品技术含量外，还要求商家提升服务水平。对于从事销售工作和服务行业的人们来说，在工作中也要注意细节，在服务上要做到无微不至，要知道，“人无我有，人有我新”，这在话在生意场上永远不会过时。在今天，几乎每一个行业都几近饱和，大家都要生存，这里面必定就有人做得好，有人做得差。对此，我们要做到，想顾客之所想，做到无微不至，就是一种最简单、最容易俘获客户心得方法。

一天，以色列的一家酒店来了一位美国女宾，她衣着讲究，应该是个上层社会的人，但她似乎很匆忙，只是简单地安顿了一下行李，就去参加商业洽谈了。

这位女宾的举动很快引起了细心的值班公关经理的注意。值班公关经理在女宾走后，很快吩咐服务员重新布置来客的房间，把房内的地毯、窗帘、床罩和桌布统统换成大红色。

美国女宾忙了一天回到酒店，对自己房间的变化甚为惊讶，怀着好奇的心理去问公关经理为什么这样做。犹太经理说：“我看见您的皮鞋、提包和帽子都是红色的，猜想到你对红色一定有兴趣，于是就做了这样的布置。您的商务繁忙，更希望休息得好些。这样的环境，您喜欢吗？”女宾听了非常满意，当即取出支票本，开了张10000美元的支票，作为小费赠送。经理投其所好，留意顾客的衣着举止，使酒店赢来了顾客的青睐和信任。

案例中的犹太公关经理就是从细节入手，通过充分了解、分析顾客心理，从而投其所好，因此来获得客户好感，为酒店的信誉做出了贡献。

当然，对客户做到无微不至，不但要求我们投其所好为客户服务，还要求我们不断推出新、特、奇的服务举措来满足他们对服务的求新、求异的需求。在这种情况下，商家如果死抱一两项服务举措“从一而终”，那显然是不明智的。

明治初期，木屐店鹿岛屋是东京最大、销售量最多的木屐店。老板鹿岛是以十五日元资金做起的，何以他能如此发达呢？

原因就在鹿岛别出心裁，肯做下列的事情：

（1）他没有挂起招牌，也没有行号，只在一块大木板上画了一只木屐。

（2）店面贴了一张东京市地形详图，旁边写着：“东京市的街道，如何走法？如果不清楚，请进来，我们会告诉您。”

（3）我们所做的木屐品质最好，最耐用，足可以走遍东京市内一千次。

（4）店中提供顾客放置行李服务，免费替顾客保管行李。

（5）备有杂志、火车时刻表、报纸，供顾客自由阅览。

（6）备有火柴、纸、铅笔等，任顾客自由使用。

（7）只要一赚钱，就立即装置电话机，供顾客任意使用。

鹿岛的做法虽然简单，但由于其中渗透了为顾客服务到底的精神，所以自然会产生很好的效果。

产品需要创新，这一经营观念早已被广大经营者普遍接受。但是，“服务也需要创新”的观念直到现在仍没有被普遍关注。具体表现在一些公司推出一项服务举措后，便不思创新，死抱这项服务举措不放，长时间不变。这是不妥的。

日本人坪内寿夫曾经被称为“电影皇帝”，其实他的高明之处只有一点，就是让别人感到他可以给别人更多的利益。

当时，坪内寿夫刚刚从苏联西伯利亚的日军战俘营里被释放出来，早已饿得精瘦，很想发一笔大财。可日本不是遍地黄金，而是遍地是要吃饭的人。没有更好的事情可干，只得跟着父亲经营一家很小的电影院。可是观众都没有心思看电影，上座率很低，他们一家人的生计都很难维持。

怎样让观众来看电影，这是坪内寿夫天天都在反复思考的问题。他终于想出了一个好办法：一场电影放两部片子。

一般的情况是一场电影放一部片子，现在坪内寿夫的电影院放两部片子，观众觉得占了便宜，就连本来不想看电影的人都来看了。不长的时间，坪内寿夫的电影院就赚了一笔很可观的收入。

随着日本经济的不断好转，文化事业也百废俱兴。坪内寿夫对这一趋势发生了很大的兴趣，决定在此方面大干一番，他拿出了自己的全部资产修建了一座电影大厦。他的这座电影大厦有四个放射状的影厅，可以同时放不同的四部电影，影厅里用红、绿、橙、蓝四种颜色来区别。四个影厅只有一个入口，只有一个放映室。这样不仅减少了雇员，还给不同兴趣的观众提供了选择不同影片的机会。

为了吸引更多的观众，他在电影院还专门开设了咖啡店、冷饮店、快餐店等，并且在这座电影大厦里还有美观整洁的卫生设施。在当时的日本，这样的电影院是绝无仅有的，有不少观众不是为了看电影，而是为了来参观和欣赏这座电影院的设施和服务。

只经过五年的奋斗，坪内寿夫成为了当地赫赫有名的电影皇帝。

商家要想自己的商品永葆魅力，要想自己的公司在竞争中永远立于不败之地，除了要不停地提高商品质量外，还必须树立“服务创新”意识，为顾客提供更舒适、更全面的享受，为自己带来更多的客源与财源。

服务顾客是永远没有止境的，只有不断创新，不断改进服务，才能真正让顾客满意。在服务上的创新，不需要多么高深的知识和缜密的推断，细心和耐心是我们成功的法宝。我们做事情是按照我们对事物的理解去做的，因此如何认识所要做的事是一个关键问题。一个思维缜密周到的人，会从一件小事，一个细节扩展到其他方方面面，在不经意间就能把事情做得很周全很完备。把一件事情往深了想，往细了做，成功的机会往往就会在不经意间涌现出来。世间其他的事情如此，赚钱自然也一样。

第 08 章

使命感是匠人之魂，让企业一步步发展壮大

现代社会，任何一个企业，都有自己的文化内涵，这就是企业文化，重视企业文化，是因为企业深知使命感对于激发员工积极性和热情的重要性，的确，使命感是匠人之魂，是让企业发展壮大的前提，从员工的角度看，也要找到自己的使命，爱岗敬业、精益求精，为企业效力，这样你获得的不只是薪水，还有能力的提升、梦想的实现。

使命感，就是一种匠人精神

世界著名博士贝尔曾经说过这么一段至理名言：“想着成功，看着成功，心中便有一股力量催促你迈向期望的目标，当水到渠成的时候，你就可以支配环境了。”这句话的含义是，人世中的许多事，只要想做，并坚信自己能成功，那么你就能做成。而这中间，使命起着重要的作用。在相同条件下，有明确而且强烈的个人使命，与没有目标被动懈怠的结果是完全不同的。在现代企业中，使命感就是一种匠人精神，唯有对自己肩负的使命正确认知，在工作中才能全力以赴，始终保持一种积极的心态，勤奋努力，自动自发，这样才能从根本上提高工作效率。相反，如果缺乏使命感，工作中往往会消极懈怠，便也很难取得什么成果。

有这样一个故事：

有这样一位老木匠，他一生都在盖房子，经他手盖的房子多得数不清。

这一年，他觉得自己年纪大了，便向东家告别，想要回家乡去，安享晚年。

东家十分舍不得他离去，因为他盖房子的手艺是镇上最好的，再也没有第二个人能够跟他相比。但是他的去意已决，东家挽留不住，就请他再盖最后一座房子。老木匠答应了。

东家为老木匠送来了最好的木材和其他材料，老木匠也马上开始了工作，但是人们都可以看出，老木匠归心似箭，注意力完全没有办法集中到工作上来。梁是歪的，木料表面的漆也不如以前刷得光亮。

房子终于如期建造完成，东家把钥匙交到老木匠的手上，告诉他这是送给他的礼物，以报答他多年来辛苦的工作。

老木匠愣住了，他怎么也没有想到，自己一生建造了无数精美又结实的房子，最后却让自己获得了一件粗制滥造的礼物。如果他知道这房子是为自己而建的，他无论如何也不会这样心不在焉。

这只是一则故事，然而现实生活中，却有不少人和故事中的老木匠一样，因为缺乏使命感，每天带着一脸的茫然和无奈去工作，茫然地完成上级的任务，茫然地领回工资。因为他们认为，自己所做的，不过是为别人打工而已。很明显，这种消极的工作状态无论对于员工个人还是对整个组织而言，都是极为不利的。一个人被动地应付工作，自然不可能投入全部的热情和智慧，也就不可能在自己的岗位上有所成就。

哈佛教授本·沙哈尔在谈到工作问题时，笃定地说："一个在工作中找到意义与快乐的投资家，一个出于正确动机的商人，绝对要比一个心不在焉的和尚，高尚和有意义得多。"他总结出这样三种境界：赚钱谋生、事业、使命感。

事实上，任何一名出色的工匠，他们都会把自己的工作当成使命来完成，他们会对工作投入百分之百的热情，而这也是为什么他们能成功的原因之一。

的确，一个人，如果只把工作当成赚钱的手段，那么，他就不会有太多的成就和个人价值的实现。我们都有这样的体会，一些人每天去上班，只是坐等下班，他们所期盼的，除了薪水就是赶快放假，这样的人又怎么可能做出一番成就呢？

曾经有人以医院的清洁工为研究对象进行了一项研究，在被研究的两组人中，一组觉得自己的工作很枯燥、乏味、没意义，他们得过且过；而另一组人则对工作很投入，他们把医院打扫得很干净，他们经常和护士、病人交谈，为此，他们觉得自己的工作很有意义，也获取了很多的快乐。

伟大的成功和辛勤的劳动是成正比的，有一分劳动就有一分收获，日积月累，奇迹就可以创造出来。这是绝对的真理。只有勤奋工作才是最高尚的，才能给人带来真正的幸福和乐趣。勤奋是通往荣誉圣殿的必经之路。如果你还在浑浑噩噩地生活着，还在感叹自己无法改掉某些恶习时，那么，你不妨为自己找个伟大的目标吧，具备强有力的信念，你就能找到前进的方向和动力。它能使你摆脱空谈主义，能帮助你挖掘你身体的所有潜能，能帮助你克服很多阻力。

变化繁多的游戏总比单一游戏来得有趣。同样的道理，如果一个人在做事的过程中能注入热情，那么，再加上工作本身富于变化，那做起事来便会着迷。

总之，生活中的人们，如果你觉得现在的自己正在从事一项很无聊的工作，每天上班也只是为了坐等下班，你觉得自己的工作毫无成就感，那么，你必须重新审视自己，如果你对这项工作真的提不起兴趣，那么，你就要为自己重新寻找一个积极而有意义的目标。

牢记你的使命，获得持久的动力

人们常说："思想有多远，就能走多远。"这句话虽然有点夸张，但却是道出了思想对行动的指导作用。同样，在习惯的培养上，我们能否成功，关键也取决于我们的思想，如果你是个使命感强的人，你希望自己活得伟大，那么，对于当下的行动，你就有自控意识，你就能坚持不懈的努力。因此，我们每个人，都应该牢记自己的使命，制定出明确的目标，并为实现自己的目标而奋斗，才能成为你想成为的人。

爱默生告诫我们："人总归是要长大的。天地如此广阔，世界如此美好，等待你们的不仅仅是一对幻想的翅膀，更需要一双踏踏实实的脚！"任何人的成功都是点滴的进步。但反过来，任何思维和行为上的进步也需要梦想的指引，因此，从现在起，你只需树立一个正确的理念，并调动你所有的潜能并加以运用，便能带你脱离平庸的人群，步入精英的行列之中！

那么，我们该如何牢记自己的使命呢？

你可以记住以下几点：

1.关注未来，不要满足于现状

独具慧眼的人，往往具备人们所说的野心，是不会被眼前的蝇头小利而放弃追求梦想的愿望，他们一般是用极有远见的目光关注未来。

2.重新审视自己，找出自己的闪光点

每个人都有与众不同的地方，可能这些不同的地方会因为日常那些烦琐的事情而被掩盖。那么，从现在起，不妨停下脚步想想，你是不是在某些方面比别人更有天赋呢？如果有，就开始重新审视自己吧，从自己最擅长的事情做起，你会省力、省心很多！

3.重新唤醒自己的梦想

其实，在我们心中，都有一个属于自己的梦想，但出于各种原因，可能这些梦想会逐渐被磨灭。但你发现没，正是因为你失去了梦想，你才会显得无力，没有热情，才会变得得过且过，任何人的潜能的激发只有具有一个伟大的动力，才会被最大限度地激发出来。因此，不要犹豫了，为理想奋斗吧，你的人生才会别样的精彩！

4.不要把梦停留在想上

梦想可以燃起一个人的所有激情和全部潜能，载他抵达辉煌的彼岸。但你若有了梦想，不要把“梦”停留在“想”的层面上，一定要付诸行动，制定目标，这才可以带给你真正需要的方向感。

5.树立脚踏实地的态度

你若想变得伟大、想成就一番事业，就必须要具备勤奋的工作态度。爱因斯坦说：“人的价值蕴藏在人的才能之中。在天才和勤奋两者之间，我毫不迟疑地选择勤奋，她是几乎世界上一切成就的催产婆。”真正的成功是一个过程，是将勤奋和努力融入每天的生活中，融入每天的工作中。成功没有捷径，它需要脚踏实地。

事实上，我们任何人，也包括企业的员工，都希望自己在行业内做出一番成绩，但这并不是一蹴而就的，没有人能随随便便成功，成功者必须有良好的行为习惯和严谨的工作作风、勤奋的学习态度等；不付出努力，同时又想把蛋糕做大，这是不可能的。同时，反过来，成功的理念、梦想、使命感都能对我们的行为起到指引和约束作用，因此，我们有必要为自己树立一个伟大的行为目标，并制定一个可行的计划，那么，我们就获得了持久的动力。

使命感，让你更加敬业

社会中的每一个人，自打出生的那一刻起，就被赋予了自己的责任与使命，然而，每个人对于自己所承担的责任的意识是不同的、例如，面对学习，有人有一种自觉的意识，学无止境，只有不断努力充实自己，才能面对各种各样的竞争；但却有一些人得过且过，最终被社会竞争淘汰。同样，面对工作，一些人尽职尽责，做好每个细节上的工作；但也有一些人，玩忽职守、心不在焉甚至以权谋私。其中就反映出人们工作责任心的强弱。道德的根本问题在于调节个人利益与社会整体利益的关系。因此，有使命感的员工，会更敬业。

因此，每个员工都要培养自己的使命感，具备这一点，无论是面对生活、学习上的困难，还是为了迎接未来进入社会生活，都是有益的。

当年红军队伍中，人们都用“神炮”来形容一个迫击炮手，他就是赵章成。抗日战争时，赵章成曾经一个人同时操纵三门炮进行不间断的射击，直到三门炮的炮管都打红了。战斗结束后，据俘虏供称，当受到炮击时，敌军指挥官根据炮火的准确性和密度判断，八路军有一个迫击炮排在进行齐射！

为什么他们的技术这么神奇？很普通的武器到了他们手里，为什么就变得威力无穷？

中国工农红军中指挥官和士兵在接受命令时，都会在行一个标准军礼的同时，坚定地说：“保证完成任务！”

“保证完成任务！”这是红军在接受任务与命令时最普遍的回答，表明他们坚决执行命令的态度。红军之所以能在装备落后、环境恶劣的情况下，生存下来并取得胜利，靠的就是这种“保证完成任务”的态度和信念。当我们处于劣势的时候，相信自己的实力是唯一的选择，只要坚信自己能做到，就没有什么是“不可能”的。

在中国的古战场上，曾经发生过这样一个故事：

一个大雪纷飞的一天，一场战斗还在进行中。

一名将士带着自己剩下的几名士兵继续守护自己的城市，但不幸的是，他很快听到消息，敌军马上就要来攻打这座城池，而凭他们的实力，是撑不了多久的，为此，他决定派自己的一名信得过的士兵却另外一座城市求援。在接到命令后，这名士兵马不停蹄地赶往另一座城市。

在半路，士兵却遇到了一个难题，天马上要黑了，温度也降了很多，前面的湖面一个人都没有，任何船家都回去了，他只得在这里等候，看看有没有出没的船只。

天真的黑了下来，这个士兵很害怕，瑟瑟的风吹着，他冷的缩成了一团，天又开始下雪了，还越下越大，他暗暗祈求：上天啊，求你再让我活一分钟，求你让我再活一分钟！当他就快撑不住的时候，他看到，天亮了。

他牵着马来到河边，他看到的眼前的一片景让他欣喜若狂，那条原本阻碍他的大河已经结成了冰。他试看在河面上走了几步，发现冰冻得非常结实，他完全可以从上面走过去。士兵欣喜若狂，就牵着马从上面轻松地走过了河面。城市就这样得救了，得救于士兵的忍耐和等待。

作为一名军人，他的使命就是人民、国家的安危，正是因为认识到自己的使命，这名士兵才能忍受旁人所难以忍受的东西，经受住各种考验，最终让他以超强的意志力战胜了寒冷和绝望，拯救了自己，也拯救了人民。的确，作为一名军人，只有扛起责任，把上司的任务当成天职，把国家、人民的安危放在心上，才能忍得旁人所难以忍受的东西，经受住各种考验，才能使自己不断地积蓄力量，增强忍耐力和判断力，才能发挥一个军人的本色。

2002年获诺贝尔和平奖的美国总统吉米·卡特入主白宫

前，当过海军军官、农场主和佐治亚州州长。执政时尽管他的决策并不尽如人意，但是，他的个人品格和工作作风还是赢得了美国人民的广泛赞誉。

卡特对那些没有尽最大努力的人常常不能容忍。在他任州长时，有一次，他因公和一位佐治亚州的专员同机外出。早晨7点钟，卡特已在飞机上等候了，只见那位专员正匆匆忙忙地在亚特兰大航空站的跑道上奔跑而来。这时飞机正好滑行到跑道上，卡特虽然看到了那个人，还是命令驾驶员准时起飞。“他不能按时到达这里，这实在太遗憾了。”他厉声说。

吉米·卡特总统善于反躬自省，总是乐于面对自己的缺点，并设法自我改正。卡特十分勤奋而又能自律，同时坚信积极思考的力量。“他是个最守纪律的人”，吉米的朋友们众口一词地这样评论他。

他一直是像在就职演说中宣称的那样去做的：“我们知道‘多些’未必就是‘好些’，即使我们这个伟大的国家也有其公认的局限性，我们既不能回答所有的问题，也不能解决所有的问题……总体来说，我们必须以为了共同的利益而牺牲个人的精神，去尽我们最大的努力把事情做好。”

卡特之所以能得到美国人民的好评，获得如此至高的荣誉，就是因为他能做到严格要求自己，尽量让自己做到最好。同样，如果我们的员工在工作过程中，也能做到严格要求自己、爱岗敬业，不但能为企业做出一份贡献，也能有较好的个人发展。

不得不说，无论何时，勤勤恳恳、埋头苦干的敬业精神很值得提倡，这也是匠人精神的体现，在现代企业的每个人，面对自己的工作，也应该有使命感，把每天的工作都当成自己的天职并努力完成，才能在日积月累中提升自己。培养自己的这种踏实、勤奋的工作作风，对于未来的人生之路是有益的。因为人生之路，通常都是坎坷、充满荆棘的，你只有具备忍耐力，才能过五关、斩六将，才能取得最后的成功。

使命感有多强，你的成绩就有多大

有人说，人生的高度因我们的信念而决定，使命感就是一种信念，足以支撑我们所有的行为。日常工作中，一些员工缺乏使命感，没有工作积极性、对自己的工作或者所在的行业没有信心，而这种态度导致他们做一天和尚撞一天钟，庸庸碌碌、毫无成就。

可见，使命感的力量是无穷的。说到“匠人”，我们通常率先想到的是日本和德国。在日本，所有的匠人们都视“匠心”为灵魂，将传世当作是天命，他们的天赋使命就是不能砸了招牌，追求技艺的极致，甚至要创造奇迹，便可谓“匠人精神”。著名的秋山木工中的弟子八年才可独立，他们一年上预科，四年学做徒，三年学带徒，八年后自立。而秋山木工的创始人秋山利辉更是创立“工匠须知30则”作为学员训诫，贯彻“匠人精神”的奥义。日本有许多知名的企业家和小手工业者都是可以称得上“匠人”的，他们热爱自己的本职工作，并将它们做到高精尖，从小做到大，从优秀做到卓越，从专业做到一流。

不仅在日本，我们中国也有不少企业家坚持自己的使命，将工匠精神的精髓和要义充分体现在了企业的经营和发展中。

陈安之，1967年12月28日生于中国福建省福州长乐市，12岁随亲戚到美国读书，开始边工作边读书。他曾经做过十八份工作：卖过菜刀、卖过汽车、卖过巧克力、当过餐厅服务员等，可是他的存款还是为零。

直到21岁，陈安之遇到了人生中的第一位恩师——世界潜能激励大师安东尼·罗宾。此后，他个人的特长、天分和强烈的爱心获得了真正的释放。安东尼·罗宾的一句话，改变了陈安之的命运：“这个世界上赚钱的行业很多，但是没有哪一个行业可以比得上帮助别人成功和帮助别人改变命运更加有价值、有意义。”从此陈安之立下了“以最短的时间帮助最多人成功”的使命。

陈安之回到祖国，看到祖国这样日新月异的发展，看到这么多的人对他这样的亲切和熟悉，陈安之再次立下第二个目标——“要把他在海外学到的所有成功学知识，毫无保留地告诉给中国的每一个人，希望中国由于更多人掌握了先进的成功学知识，在21世纪成为世界第一强国！”

陈安之老师说：“我不想成为亿万富翁，我不想演讲，不想开劳斯莱斯；只是因为我的学生想，是别人需要，所以我就要先做到。曾经我创业的时候，只吃三样东西：白吐司面包、炸酱面、矿泉水，一套西服从冬天穿到夏天，从夏天穿到冬天。我把赚来所有的钱来投资脑袋，让我今天能站到这里，我是为了帮助别人，而不是成就自己。所以我的生命中没有竞争对手，有的只是朋友，我的目标不是超越别人，而是激励所有人。我的目标不是成为第一，而是教别人成为第一。全天下所有的人都可以上我的课程，包括同行的人，包括竞争对手，因为我的课是帮助别人，而不是把别人比下去。别人可以说坏话，别人可以说我负面，但一定不会从我的嘴巴讲出，因为我是一个有爱心的人，我是一个感恩的人。”

“我们要把学习提升一个境界，疯狂的努力，不是为了自己，而是为了别人。我之所以演讲25年，并一直的做下去，因为我从来都不是为了我自己。我所有的成就都离不开我的老师安东尼·罗宾。我对我的老师无比的尊敬、感谢。他改变了我的一生。所有我的学生，请你用最好的结果把成功的方法传播出去，来证明成功学是有效的，如果别人问成功学是什么？只有一个字‘爱’！”

陈安之的故事告诉我们，没有人的成功是天赐的，创业的成功、第一桶金的获得，都来自对所走道路的正确认识。

心存梦想、力争上游的人，他的每一天都是积极的，长此以往，必定有不凡的成就。我们每个人都要找到激发你的热情的使命感：为了挣钱而做生意，你的努力会帮你实现财富梦；为了事业而做生意，除了财富外，你获得还有为之打拼的快乐；为每月定时发放的薪水而工作，你可能得到较少的薪水；

如果你为提高公司业绩而工作，你不仅会得到较多的薪水，也会得到满足和同事的敬重，你对公司的贡献将会大得多，你的报酬也会大得多。

企业需要凝练统一的核心价值观引导员工

在前面，我们强调了使命感在企业员工工作中的重要性，而从企业的角度看，企业要想激发员工的使命感，需要凝练统一的核心价值观。企业核心价值观一词，我们都不陌生，所谓企业的核心价值观，通常是指企业必须拥有的终极信念，是企业哲学中起主导性作用的重要组成部分，它是企业在发展中处理内外矛盾的一系列准则，如企业对市场、对客户、对员工等的看法或态度，它影响与表明企业生存的立场。

可以说，企业的核心价值观也就是企业精神，企业精神就是支撑一个企业的核心竞争力，是全体员工智慧的结晶。而从另一个方面说，作为企业的管理者，只有先让企业员工认同企业精神和企业文化，才能一统人心，而要达到这一企业凝聚力的前提是，企业需具有一个核心的价值观。

2004年5月18日，北京普诺德科技有限公司成立了，现在已经是北京知名的网站建设、网络营销公司，且在网站建设与策划、网络营销方面有着丰富的经验。

普诺德的企业价值观是“爱心、正直、创造、奉献”。

爱心：普诺德认为，爱心是建立伟业的基础，普诺德的企业文化以“爱”为核心，普诺德在自身发展的同时，培养员工要懂感恩、孝敬父母，提倡成员之间互助互爱、相互关心。

正直：正直就是要不畏强势，维护正义，要敢说敢为，要能够坚持做正确的事情，亦要勇于承认错误。正直意味着有勇气坚持自己的信念。正直的人内心充满快乐，正直的人有道德的影响力，从总经理到经理层，都是正直的人，就可以影响员工正直，就可以吸引更多正直的人一起创造伟业！

创造：所谓创造，就是从无到有，从弱到强，从小到大的行动的过程，普诺德从一开的只有几个人到现在得几十人，客户量从一开始的几个客户到一千多个客户，无不证明着创造的力量，普诺德发展的四年来，我们不断的创造着！

奉献：普诺德人坚信，这是人生最大的意义和价值！我们奉献爱心，奉献思想，奉献经验，普诺德发展的过程就是不断奉献的过程，普诺德发展的四年来，培训和培养的100余名有志年轻成才，在普诺德的企业文化影响下，普诺德人更积极，更具远大的理想和目标，更懂得奉献的意义和道理！

普诺德在四年来的迅速发展中，已经为北京1500家企业提供了网站建设、网络营销等服务，已经成为北京网站建设行业中一股强劲的力量。这里，我们不能否认的一点是，普诺德之所以能在如此短的时间里有如此巨大的成就，与其本身的核心价值观的指引是有巨大的关系的，正是这些价值理念，让这一年轻的团队始终保持活力和朝气！

而如何打造企业核心价值观，是企业管理者的工作之一，对此，领导者需要从以下几个方面努力：

1.对现有企业文化进行审查，进行文化定位

在塑造企业文化前，你要做的第一步工作是对所在企业进行文化审查和定位，只有这样，才能使塑造出的企业文化更准确、科学化。

比如，如果你为一家体育企业效力，那么，首先，你需要审查的是：体育行业最主要的文化特征是什么？体育行业是一个以品牌为驱动的行业，它主要的文化特征是强势的狼性文化，还是温情的羊性文化？是具有活力的文化，还是官僚严重的文化，或者是消沉的文化？这是我们在进行文化定位之前要考虑的几个问题。

另外，你需要审查的还有企业的外部环境，包括了政治、经济、民族文化、法律等方面，这些因素都会影响企业成员的思想意识和行为。

2.对企业进行深度窥探和调研

对企业的深度窥探和调研包括的内容有：深入了解客户企业、挖掘企业成功的要素和企业内部所存在的问题。为了把握这些问题的准确性，你需要按照以下几个步骤进行：

第一步，资料收集。收集的内容对企业战略、文化、人力资源等与企业文化建设相关的资料；

第二步，深入基层。了解企业的办公环境以及办公氛围，多角度剖析企业；

第三步，深度访谈。全方位了解企业，了解企业员工眼中的企业；

第四步，问卷调研。通过定性定量的结合，对企业进行系统科学的调研分析，准确把握企业的文化特点。

3.勾勒出文化轮廓，最终形成企业价值观

企业核心价值观一方面蕴涵在企业的行为模式中，需要从企业中提炼，另一方面需要借鉴外部企业的核心价值观，这样，它才具有一定的前瞻性。

总之，核心价值观的提炼只有在认真分析研究各种相关因素的基础上，才能确定既体现企业特征，又为全体企业员工和社会所接受的价值观。

首先，在企业进行深入调研的基础上，应由高阶主管们讨论并订出在执行公司新策略的前提下，公司所期望的企业核心价值观及行事信念；其次，由顾问公司通过专业的工具，勾勒出企业的文化轮廓；最后，把经过讨论所达成的共识，转换成员工看得到的企业文化。

第 09 章

勇担匠人之责，你的行动要对得起企业和每一件产品

在那些令人敬仰的匠人看来，钱永远不是最重要的，重要的是作品，是每一件产品的质量，是用户的体验，这是一种匠人精神，更是一种负责任的态度，这种精神和态度也应该被现代企业中的员工学习。的确，现代社会，任何一家企业聘用人才的标准中，最为重要的一条就是负责，这是敬业精神的基础。我们无论从事何种职业，都应该尽心尽责，尽自己的最大努力，求得不断地进步。这不仅是工作的原则，也是人生的原则。

用心工作，责任胜于能力

自古以来，责任感被定义为是一个人重要的品质之一，也是我们所说的“匠人精神”的重要部分，同样，在事业中，责任是任何人永恒的职业精神，责任是一种与生俱来的使命，它伴随着每一个生命的始终。

在那些一流的匠人看来，责任胜于能力，如果说智慧和能力像金子一样珍贵，那么勇于负责的精神则更为可贵。现代企业中并不缺少有能力的人，而是缺少责任与能力并有的人。然而，只有责任，才能让我们拥有勇往直前的勇气，才能使我们产生强大的精神动力，才能使我们积极地投入到工作中去，并将自己的潜能发挥到极致。事实上，也只有勇于承担责任，我们才有可能被赋予更多的使命，才有资格获得更大的荣誉。

一天，某户人家的门铃响了，开门的是男主人公汤姆。

汤姆发现，一个大概十来岁的小男孩站在门口，并且，他开始自我介绍：“你好，先生，我的名字叫亨利。”然后，他指着斜对面那栋漂亮的房子，告诉汤姆那是他家。

然后他问：“我可以帮你剪草坪吗？”汤姆打量了一下这个小男孩，他身材瘦小，他再看看自己家的花园，有前后院，还有个大的草坪，不过，既然是他主动要求做，汤姆就点点头说：“好啊！”

随后，男孩很高兴地推来剪草机，开始工作。他把笨重的机器推来推去，剪得相当整齐。

等他剪完所有的草后，按照事先说定的额，汤姆给了他10美元的报酬，但汤姆很好奇的是这小男孩为什么要挣钱。对此，男孩说："上个星期我过生日，爸爸送我半辆自行车，我要赚另一半的钱。如果下个星期再让我给你剪草坪，我就可以去买了。"

从那以后，汤姆家剪草的工作就给男孩承包了。慢慢地，附近几家的草地也都包给他去做……

的确，一个人最重要的品质之一就是责任感，事业有成者，无论做什么，都力求尽心尽责，丝毫不会放松；成功者无论做什么职业，都不会轻率疏忽。这就是一份责任。

人是一种社会性的动物，责任是一种对人的制约，所谓责任心，是指个人对自己和他人，对家庭和集体，对国家和社会所负责任的认识、情感和信念，以及与之相应的遵守规范、承担责任和履行义务的自觉态度。

我们每个人，都要对工作有责任心，用心去工作，工作满意的秘密之一，就是能够"看到超越日常工作以外的东西"。一旦心情愉快起来，你自然就会全身心地投入，本来觉得乏味无比的事情，也会变得妙趣横生。而这正是工作的本质所在。我们不应该仅仅把工作视作取得面包、时装和房子的一种讨厌的"需要"，或者一种无可避免的苦役，而应该把工作当作一个锻炼能力的手段，一个训练和建造品格的学校。很显然，具体的做法就是：热爱你眼下的工作！

我们不能否认，现代社会中，很多人只是把工作当成他们赚取生活来源的渠道，对工作环境要求高，对薪水要求高，却不能以同等的工作状态和工作成绩回报工作，同时，带着这种情绪工作的人，始终无法找到工作的乐趣。而假使你对于你的工作能待之以艺术家的精神，而非待之以苦役的精神；假使你对于工作带来浓郁的趣味灌注热诚；假使你决意做每一件事，必须竭尽你的全力；则你对于工作就不致产生厌恶或痛苦的感觉。凯普在他的《自驱力》中说道："一切全视你的精神和你的态度。充沛的精神，可以使最卑微的工作变得趣味横生。颓废的精神，可以使人对于最高尚的事务，产生厌恶的感觉。"

生活中，我们还能发现一些人，他们在最平凡的岗位，他们的工作并不需要什么特殊的技能和能力，但他们乐在其中，因为他们把劳动当成一种享受。的确，当劳动不能成为一种享受，而变成一种循环往复的单调行为，确实会令人感到乏味。而只有真正热爱工作的人，才是真正幸福的人。如果你只是把目光停留在工作本身，那么即使你从事的是最喜欢的工作，也依然无法持久地保持对工作的热情。但如果在拟订合同时，你想的是一个几百万的订单，在搜集资料、撰写标书时，你想到的是招标会上的夺冠，那么，你还会认为自己的工作是百无聊赖、枯燥无味吗？

因此，尽管我们不得不为了特定的利益而奔走忙碌，但是"为什么而工作"却是你我必须用心思考的一个问题。对工作有一份责任心，少一点利益心，你就能多一份快乐，热爱你的工作，你就被激发出无限的潜能，工作中，你也就能如鱼得水！

想升职加薪，就要承担更大的责任

当今社会，对于每一个奔波于职场的人来说，都希望升职加薪，都希望被提拔，但作为员工，我们要知道一点，在企业里，要想升职加薪，就要“能者多劳”，承担更大的责任。然而，事实上，我们看到的是，不少员工，他们看到别人升迁，心中感慨万千，但是自身却能力不足，其实，真正聪明的职场人不但懂得努力工作，更懂得提升自己，以此担当更大的责任。

小周是某大型企业的一名员工。高考失利后，他失去了继续读大学的机会，十八岁的他就进了现在的这家企业。因为学历的原因，他只能从事最简单的产品装配的工作，但他不甘心，于是了，利用上班之余的时间，他拿起了书本，自学了很多与该产品有关的知识，并自考了一些其他课程。

转眼，小周已经工作五年了。这家企业每五年会举办一个大型的青年知识大奖赛，参加这次比赛的人多半是一些高学历的人，但小周还是报名了，他的参赛作品是关于公司生产部门的机器流程改造图。公司高层一见到这幅图，就惊呆了，一个生产流水线上的工人怎么可能会制作出如此让人惊叹的图呢。

于是，他们找来小周，就图纸进行了一番理论讨论，他的说明，让在座的领导们斗瞠目结舌。“我看你的简历，你只不过是个高中毕业生啊，怎么会……”

“是这样的……”

听完小周的叙述，众领导一致表示：“单位的员工要都是有你这样的学习精神，该有多好。”

很快，小周就收到通知，他被升为了技术主管，负责他所提出的这一项目的改造工程。

这个职场故事中，我们见证了一个普通员工的升迁过程。员工小周之所以会被领导赏识，在众人中脱颖而出，就在于他不断学习、不断完善自己的知识结构，充实了原本知识不足的自己。

当今社会，随着知识、技能的折旧越来越快，不断学习、不断更新知识已经成为职场人士保鲜的一个重要方面，是否能适应激烈的竞争环境并不断完善自己也已经成为一个职场人能否担当大任的重要考核因素。

因此，身处职场的你，也只有不断学习，才能成为领导眼中的有才之人。要知道，任何一个领导，都对那些愿意学习的人持良好的态度。也就是说，你不必一味地想去和领导搞关系，领导需要的是有工作能力的人，做好你的本职工作，不断完善自己，让所有人对你的工作都有最高的评价，领导也会对你赞赏有加，升职加薪也就不远了。

那么，具体来说，要想在职场升职加薪，该怎么做呢？

1.爱岗敬业

这里有三方面的技巧要注意：

（1）工作中，要表现出自己对工作的敬业、毅力、恒心等。

（2）有效率地工作。努力工作的敬业精神值得提倡，但必须注意效率，注意工作方法，否则就是事倍功半。

（3）会表现，让领导看到你的努力。敬业也要能干会“道”，不必要做那种永远的幕后英雄，做那种吃力不讨好的事。

2.善于服从和表现自己

下级服从领导本来就是天经地义的事情，这是一种个人职业素养的体现，更体现了我们对同事、领导的尊重，对单位和企业的认可，而更为重要的是，这是一种敬业精神的体现。

这里的善于服从，指的是：

（1）随时听候领导差遣，鞍前马后。

（2）努力完成好领导布置的每一项任务。

（3）主动争取领导的安排。要知道，很多领导并不希望通过单纯的发号施令来推动下属开展工作。

（4）主动请缨。当领导交代的任务确实有难度，其他同事畏手畏脚时，而自己有一定把握时，应该勇于出来承担，以此显示你的胆略、勇气和能力。

（5）工作要有独立性。领导每天要处理很多事务，因此，每个领导都希望自己的下属能为自己排忧解难，帮自己处理一些工作中遇到的难题。下属工作有独立性才能让领导省心，领导才有可能委以重任。合适地提出独立的见解、做事能独当一面、善于把同事和领导忽略的事情承担下来也是一个好下属必备的素质。

（6）要多多请示。聪明的下属，总是善于在关键的地方，恰到好处地向领导请示，征求他的意见和看法，把领导的意志融入正专注的事情。这是下属表现自己虚心请教和学习的办法，也是下属做好工作的重要保证。这样既体现了自己对领导的重视，也体现了自己工作的严谨、细心。

另外，身处职场，我们都希望升职加薪，但如果你与升职加薪无缘，也不必焦虑，认真工作，放宽心，相信好机遇总会到来。因为我们发现，能者多劳，我们发现，那些在职场一路绿灯的人，甚至到最高位置的人，他们很少有自己的时间享受生活，也很少有时间陪家人、孩子。相反，那些对当下状态很满足的人，他们尽管没有在职业中取得突出的成就，但是家庭生活却十分幸福，因此，有得就有失，这句话很有道理，因此，如果现在的你没有升职和加薪，也不必苦恼，就看你自己怎么看待。

责任第一，做事要尽职尽责

现代社会，任何一家企业聘用人才的标准中，最为重要的一条就是负责，这是敬业精神的基础，也是我们所说的工匠精神的首要要求，在那些工匠们看来，做事情无法做到全心全意、尽职尽责的人，是不会培养自己的良好个性的。也做不到意志坚定、达到自己的目标，这类人贪图享乐、追名逐利，做不到脚踏实地、有所成就。

责任心是取得成功的基础，没有责任心，再怎么努力也枉然，当然，要培养责任心，需要我们做到对公司负责，对自己负责，将手头的工作当成事业来努力，长此以往，你一定会成为一个有责任心的员工。

美国钢铁大王安德鲁·卡内基在未发迹前的年轻时代，曾担任过铁路公司的电报员。

有一天，正值放假，但卡内基需要值班。就在这个平凡的值班日，却发生了一件意想不到的事。

躺在椅子上休息的卡内基突然听到电报机滴滴答答传来的一通紧急电报，吓得从椅子上跳起来。电报的内容是：附近铁路上，有一列货车车头出轨，要求上司照会各班列车改换轨道，以免发生追撞的意外惨剧。

这可怎么办？现在是节假日，能下达命令的上司不在，但如果不现在决策的话，就会产生一些不可预料的恶果。时间也慢慢过去了，事故可能就在下一秒发生。

卡内基不得已，只好敲下发报键，冒充上司的名义下达命令给班车的司机，调度他们立即改换轨道。避开了一场可能造成多人伤亡的意外事件。

当做完这一切后，卡内基心里也开始紧张起来，因为按当时铁路公司的规定，电报员擅自冒用上级名义发报，唯一的处分是立即革职。但他又一想，这一决定是对的。于是在隔日上班时，写好将辞呈放在上司的桌上。

但令卡内基奇怪的是，第二天，当他站在上司办公室的时候，上司当着卡内基的面，将辞呈撕毁，拍拍卡内基的肩头："你做得很好，我要你留下来继续工作。记住，这世上有两种人永远在原地踏步：一种是不肯听命行事的人；另一种则是只听命行事的人。幸好你不是这两种人的其中一种。"

卡内基之所以成功，是因为他有成功者的品质——责任心，这一点，在他未发迹就已经显现出来了。

我们发现，在任何一个企业或者组织中，有责任心的员工会千方百计努力去完成实现自己的发展，而一个没有责任心的员工则会得过且过，过一天算一天，最终将自己的命运断送在自己手中，正如行业中的一句话所说，"态度决定一切"，用在销售人员身上则是：责任决定态度，态度决定一切。

的确，现代社会，无论是职场还是商场，其竞争度的激烈恰如战场，假如你也渴望成功，那么，你就应该牢牢地记住，做事尽职尽责，是事业成功的关键。如果工作中出现问题，与其找借口推脱，不如想办法解决。

十多年前，他在一家建筑材料公司当业务员。当时公司最大的问题是如何讨账。产品不错，销路也不错，但产品销出去后，总是无法及时收到货款。

有一位客户，买了公司10万元产品，但总是以各种理由迟迟不肯付款，公司派了三批人去讨账，都没能拿到货款。当时他刚到公司上班不久，就和另外一位姓张的员工一起，被派去

讨账。他们软磨硬磨，想尽了办法。最后，客户终于同意给钱，叫他们过两天来拿。两天后他们赶去，对方给了一张10万元的现金支票。

他们高高兴兴地拿着支票到银行取钱，结果却被告知，账上只有99920元。很明显，对方又耍了个花招，他们给的是一张无法兑现的支票。第二天就要放春节假了，如果不及时拿到钱，不知又要拖延多久。

遇到这种情况，一般人可能一筹莫展了。但是他突然灵机一动，于是拿出100元钱，让同去的小张存到客户公司的账户里去。这一来，账户里就够10万元。他立即将支票兑了现。

当他带着这10万元回到公司时，董事长对他大加赞赏。之后，他在公司不断发展，5年之后当上了公司的副总经理，后来又当上了总经理。

这个精彩的讨账故事，博得了大家阵阵热烈的掌声。大家都很钦佩他凡事主动想办法的精神，而且一致认为：他能有今天的发展，与他这种精神密切相关。

的确，很多时候，如果你把精力都放在问题本身上，就很难发现解决问题的办法。而实际上，在困难面前，如果我们不找借口，而是挖掘如何解决问题的方法，你会发现，人的潜能的确是无限的。

生活中的人们，要做个成功的人，就必须要有成功的心态：不为自己找任何借口退缩，而是勇敢向前。为此，你要做到：

1.摆正态度，把责任心放在第一位

的确，没有人会故意失败或者出错，这也是很多人的借口。但一个对待事情不小心不认真的人，又怎么能够把事情完成得圆满出色呢。也就是说，不管你做什么事，摆正态度，才能减少失败出现的可能。

2.不要试图让别人为你承担失职的责任

有些不负责任的人在事情出现问题时，首先考虑的不是自身的原因，而是把问题归罪于外界或者他人。这样的做法，不仅会让你养成推脱责任、而不是找解决问题的方法的习惯，还会影响你的人际关系。

可见，我们无论从事何种职业，都应该尽心尽责，尽自己的最大努力，求得不断地进步。这不仅是工作的原则，也是人生的原则。

真正的匠人，绝不会只为了金钱而工作

生活中，相信不少人都有这样的疑问：为什么有的人工作并快乐着，事业有为；而有的人却满怀抱怨，一事无成？而这一切源于在工作中是否有责任心，如果尽职尽责地工作，那么就能在平凡的工作中，体味关爱与珍惜，学会耐心与细致，学会相处与沟通，学会理性与思考，就会发现工作给我们提供了启迪智慧的场所，历练能力和身体的机遇，从而收获成功与喜悦。

事实上，在我们敬仰的工匠眼里，是没有产品的概念的，只有艺术品，因为钱永远不是最重要的，他们只生产作品。有人曾说，当我们为钱厮杀的今天，唯有匠人精神，还能给我们带来些许慰藉。客人的每一张笑脸都是一次关于幸福的承诺，同时也是给自己的一个交代。

的确，我们发现，在现代企业中，到处充斥着这样一些人，他们每天带着一脸的茫然和无奈去工作，茫然地完成上级的任务，茫然地领回工资。因为他们认为，自己所做的，不过是为别人打工而已。很明显，这种消极的工作状态无论对于员工个人还是对整个企业而言，都是极为不利的。被动地应付工作，我们自然不可能投入全部的热情和智慧，也就不可能在自己的岗位上有所成就。而同时，我们深知，效率是任何管理工作的根本目的，没有工作热情的工作状态，又有何效率可言呢？

大学毕业后的五六年，小李几乎是每年换一个工作。当时，小李的工作目标就是向“钱”看。先是在办公室当文秘，后来搞销售。没干多久，就被朋友拉去搞营销策划，收入自然一次比一次高些，但离脱贫致富还有很大距离。刚开始时，小李还曾经为自己的适应能力而深感得意——从一个行当混到另一个行当，照样可以得心应手。

每次只要换一份新的工作，只要能赚到比原先那份工作更多的钱，小李都会欣然前往。这样折腾来折腾去，虽然也赚到了一些小钱，生活得到了些许改善，可是每每静下心来，却会发现其实一事无成。

回过头来看昔日并肩战斗、咬紧牙关坚持下来的同事，不少人都在他们的领域里打下了坚实的基础，小有名气了。他们昨天所做的一切，都成了铺垫明天成功的基石，成功或迟或早，肯定会来。而小李，所做的只不过是改善了伙食标准而已。

事实上，没有一种令人十分满足的生活、工作模式，又不满意就容易产生抱怨，没如果我们动不动就抱怨，而不是以一种积极的心态去解决问题，那么，这就等于拿石头砸自己的脚，于人于己于事都无益处。

并且，我们每个人都要明白的是，工作岗位为我们提供了广阔的发展空间，工作为我们提供了施展才华的平台。工作中，我们只有积极奋进地工作，才会获得持久的工作动力。

微软最初是从两个好朋友创业开始的，发展到现在，已经成为拥有8万多员工的大企业了。在公司中，盖茨的领导力发挥了重要的作用。他独特的人格魅力，他所创造的积极勤奋的工作氛围，吸引了全球软件行业的顶尖人物纷至沓来。他们个性迥异，如果没有他们对盖茨的感恩、对工作的勤奋，那么微软在30年的创业历程中时刻都有可能分崩离析。

微软公司内部早已营造出一种“工作第一，以公司为家”的气氛，当年盖茨本人对工作的狂热和勤奋也带动了员工的工作激情。大家都是没日没夜地干，甚至可以一连几天都不休息。人们也经常看到盖茨加班工作，与员工一起讨论公司的经营计划，并经常鼓励员工要突破障碍，努力进取。对表现出色的员工，盖茨也会给予高额的物质奖励，以及精神上的鼓励。

这也让员工自身的价值得以体现，对微软和盖茨都充满了感恩之情。而这种感恩，又会带动员工的积极性和工作热情。面对困难时，一个员工可能难以解决，但是多个员工同心协力，困难就会很容易被瓦解。

如今的盖茨已经辞职了，但他为微软创造的价值，以及对微软员工带来的影响，却是深远而意义非凡的。正是他站在员工们的前面，为员工做榜样，才让更多的微软人找到了归属感，让员工真正体会到微软不只给员工发薪，还关注员工未来的发展，以及他们的家庭，从而使员工心怀感恩，更乐于勤奋工作。

的确，勤奋不仅是一种对待生活、对待工作、学习的态度，也是一种感恩的具体表现。一个人只有心怀感激，才能投入全部的激情面对生活、努力工作，这样，无论他遇到什么困难和压力，都能不断寻找解决的方法，而不是牢骚满腹，也才能不断提高自己，赢得成功！

总之，每个职场员工，都要带着责任心工作，而不是为了钱，只有这样，才能专注工作本身，用心做好手头事，并做出成绩。

工作出现问题时，主动承担责任

无论是工作还是生活中，我们都强调责任感。什么是责任？一个企业管理者说：“如果你能真正地钉好一枚纽扣，这应该比你缝制出一件粗制的衣服更有价值。”这就是工作中的责任，忠诚负责地对待自己的工作，无论自己的工作是什么，重要的是你是否做好了你的工作。要知道，每一家企业，都希望自己的员工能尽力做好自己的工作，而当工作中出现问题的时候，也主动承认责任。我们也相信，只有那些能够勇于承担责任的人，才有可能被赋予更多的使命，才有资格获得更大的荣誉。

曾经有这样一个故事：

爱丽丝和琼是某古董店的店员。她们不仅仅是工作上的好伙伴，还是生活中的好朋友。她们工作一直都很认真，也很卖力。古董店的老板对自己手下这两名员工都很满意，然而一件事却改变了两个人的命运。

一次，爱丽丝和琼要负责把一件名贵古董送到码头，出发前，老板反复叮嘱他们要小心。没想到，送货车开到半路却坏了。于是，她们决定赶紧找个出租车。

幸好，她们赶到码头，时间还早，这时候，爱丽丝先下车，她让琼帮助她把古董从车上卸下来。琼这时候心里在想：如果客户能将护送古董的事告诉老板，说不定还会给我加薪呢。她只顾想，当爱丽丝把古董递给她的时候，她却没接住，古董掉在了地上，“哗啦”一声，古董碎了。

“你怎么搞的，我没接你就放手。”琼大喊。“你明明伸出手了，我递给你，是你没接住。”爱丽丝辩解道。

爱丽丝和琼都知道，古董打碎了意味着什么。没了工作不说，可能还要背负着沉重的债务。果然，老板对她俩进行了严厉的批评。

“老板，不是我的错，是爱丽丝不小心弄坏的。”琼趁着爱丽丝不注意，偷偷来到老板的办公室，对老板说。老板平静地说：“谢谢你琼，我知道了。”

随后，老板把爱丽丝叫到了办公室。“爱丽丝，到底怎么回事？”爱丽丝就把事情的原委告诉了老板，最后爱丽丝说：“这件事情是我们的失职，我愿意承担责任。另外，琼的家境不太好，如果可能的话，她的责任我也来承担。我一定会弥补上我们的损失的。”

爱丽丝和琼一直等待处理的结果，但是结果很出乎他们俩的意料。

老板把爱丽丝和琼叫到了办公室。老板对她俩说：“公司一直对你俩很器重，想从你们俩当中选择一个人担任客户部经理，没想到却出了这样一件事情，不过也好，这会让我们更清楚哪一个人是合适的人选。”琼暗喜，“一定是我了。”

“我们决定请爱丽丝担任公司的客户部经理，因为，一个能够勇于承担责任的人是值得信任的。爱丽丝，用你赚的钱来偿还客户。琼，你自己想办法偿还给客户，对了，你明天不用来上班了。”

“老板，为什么？”琼问。

“其实，古董的主人已经看见了你俩在递接古董时的动作，他跟我说了他看见的事实。还有，我也看到了问题出现后你们两个人的反应。”老板最后说。

的确，能够勇于承担责任的员工对于企业意义重大。问题出现后，推诿责任或者找借口，都不能掩饰一个人责任感的匮乏，可以坦率地说，找借口没有什么作用，而且会让你的责任感更为缺乏。

工作中，当我们出现失职的时候，与其给自己找理由推脱，还不如大方地承认。相反，推诿责任、搪塞敷衍、找借口为自己开脱，不但不会得到别人理解，反而会“雪上加霜”，让别人觉得你不但不细心，而且还不愿意承担责任。

其实，人难免有疏忽的时候，没有谁能做得尽善尽美，这是可以理解的。但是，如何对待已经出现的问题，就能看出一个人是否能够勇于承担责任。

那么，当我们执行任务出现问题时，该如何承担自己的责任呢？

1.绝不找借口

工作中，一些人在任务出现问题后，不去寻找如何解决已出现的问题的方法，而是寻找各种为自己推脱的借口：“如果……，我就不会出现问题了。”比如：

“如果不是经理没布置清楚，我一定会干得很出色的。”

“如果不是天气恶劣，我一定会准时到的。”

“如果不是别人给我设置某种障碍，我一定会顺利完成的。”

“如果不是客户太挑剔，我一定不会发火的。”

而这就是在为自己找借口，但实际上，世界上没有那么多的“如果”，无论是懊悔也好，还是逃避责任也罢，这不能解决任何问题。任何一个领导也不希望听到这些借口，产生问题的原因无论是主观的还是客观的，但执行任务的人是你，出现问题，责任就在于你，这是不可推脱的。

2.寻找弥补的措施

其实，与其绞尽脑汁寻找那些为自己开脱的借口，倒不如想想怎么能把出现的损失降到最低点。

这里，我们可以做到的，尽量制作出一份新的弥补方案，并完善好细节，因为大多数情况下，问题都出在细节上。

所以，作为员工，不要总抱怨领导没有给你机会，有空的时候不妨仔细想一想，当你的领导交给你某项任务，你是否漂亮地完成并且没有那么多的借口呢？你是否平时就给老板留下了一个能够承担责任且勇于负责的印象？如果没有，你就别抱怨机会不来敲你的门。

第 10 章

不为外界所动：唯有执着与坚守才能成为真正的匠人

很多人羡慕那些优秀的匠人们在专业领域内的成绩，其实，细细分析，我们发现，这是因为匠人们能耐心找准一个方向坚持走下去，其实，无论是在工作还是为目标奋斗的过程中，难免遇到挑战、压力甚至是困境，它会让你身心疲惫，但这些磨难也会让人的意志变得更加坚强，性格更加成熟，能力更加提高，为此，从现在起，我们要认识到，要想成为一流的匠人，要想拥有出色的技能，就要有执着的精神，在坚守中积累实力，才能最终迈向成功。

多点耐性，做事虎头蛇尾无法成为匠人

或许，我们都听过龟兔赛跑的故事，在生活中，我们经常也会出现“龟兔赛跑”的例子，一些人是爱睡觉、做事没耐性的兔子，他们总是情绪不稳，一会儿想要夺冠，一会儿想要偷懒，结果造成了三分钟热情的现象。而有的人则成为了慢腾腾的“乌龟”，虽然跑得比较慢，但他们情绪和心态都比较稳定，抓住了一个目标就认真地去完成，这样反而适应了社会的规律，最终夺冠。

事实上，任何一名真正的匠人都一都深知做事善始善终的重要性，因为不耐烦、虎头蛇尾只会耽误更多的时间，这样无论做什么都只是一事无成。

在日本的东京银座一角，有一家叫 Cafe de L`Ambre的咖啡店，这家咖啡店1942年开业。

这家咖啡店的老板是一位101岁的老人，名号Ichiro Sekiguchi，他专注研磨咖啡40年，在咖啡界是一位专业人士。

在谈到自己为什么专注于咖啡这么多年时候，老人说：“我只想喝一杯好咖啡。”他从14岁开始因为机缘巧合第一次喝咖啡，从此便迷上了咖啡的苦味与香气，并立志做好咖啡。随着市场的繁荣，手磨咖啡开始被人们逐渐淡忘，从经济角度出发，人们发明了各种花哨的做法，但是在Ichiro看来，他们的

咖啡都不够纯粹，任何机器冲泡的咖啡都无法达到手冲咖啡的境界。

只是一个简单的心愿——喝到自己喜欢的味道，成就了一代匠人传奇。

坚持做自己的事，这就是匠人精神的体现，做任何一项工作，都需要耐心，虎头蛇尾的人通常难以将事做成。

有人问著名的组织学家聂弗梅瓦基为什么一生都花在研究蠕虫的构造上，聂弗梅瓦基回答说："你可知道，蠕虫这么长，而人生却这么短。"的确，一个人的生命是有限的，而科学研究是无止境的。简而言之，如果你想获得任何一项事业的成功，就必须持之以恒，甚至付出毕生心血，对于成功而言，恒心就是力量。

在人类历史的长河中，多少卓有成就的人都是这样成功的。宋代司马光编写的《资治通鉴》，历时19年才截稿，但那时他已经是老眼昏花，不久就去世了；明代李时珍撰写《本草纲目》，几乎跑遍了名山大川，收集了多少资料，耗费了整整27年的时间，才铸就了这部名著；谈迁花了20多年的时间才完成了《国榷》，不料完成之后书稿被小偷盗走了，无奈之下，他又开始重新撰写，用了8年的时间才完成。这样例子都足以说明，无论做什么事情，只有持之以恒、呕心沥血，竭尽毕生，才能达到成功的巅峰，若只有三分钟热情，那最终你只能一事无成。

我们在工作中，做事也要有耐心，要持之以恒，这样才能有所为有所不为。现代社会，不少人尤其是年轻人，刚开始工作时满腔热血，但时间久了就慢慢地懈怠了，最终一事无成。其实，工作不是仅仅依靠热情就能做好的，它更需要在保温中加温，坚持，坚持，再坚持，而不是三分钟热度，只有做到了这样，你才是真正的职业人。

从前，有一名和尚叫一了，他的耐性不够，做一件事情只要稍稍有点困难，就很容易气馁，不肯锲而不舍地做下去。

有一天晚上，师父给他一块木板和一把小刀，需要他在木板上切一条刀痕，当一了切好了一刀以后，师父就把木板和小刀锁在他的抽屉里。以后，每天晚上，师父都要小和尚在切过的痕迹上再切一次，这样连续了好几天。

终于到了一天晚上，一了和尚一刀下去，就把木板切成了两大块。师父说："你大概想不到那么一点点力气就能把一块木板切成两大块吧？一个人的一生的成败，并不在于他一下子用多大的力气，而在于他是否能持之以恒。"

古人云："事当难处之时，只让退一步，便容易处；功到将成之候，若放松一着，便不能成。"在生活中，有很多事情，并不是仅仅依靠三分钟热情就可以做好的，也不是一朝一夕就能做到的，而是需要持之以恒的精神，我们必须要付出时间和代价，甚至是一生的努力，当然，在这个过程中，我们需要忍耐，坚持，再坚持，等待机会和成功的来临。

著名数学家高斯从小就勤奋好学，很早就显示出超人的数学才能。有一次，父亲正在计算账目，小高斯安静地站在旁边看，当他父亲自以为算得很对的时候，小高斯却认真地说："爸爸，您算错了，应该是……"父亲检验了一遍，发现高斯的答案是正确的。

高斯7岁那年，父亲送他到附近的学校读书，在学校里，高斯是班里最小的学生，但因其数学成绩最好，因而经常受到老师的表扬。高斯十分刻苦，他明白，要想更好地学好数学，自己必须付出更多的努力和汗水。白天在学校里，除了上课时专心听讲以外，他还尽可能地利用课余时间钻研数学，阅读了许多数学的著作。晚上，他将一个大萝卜挖去了心，塞进一块油脂，插上一根灯芯，就做了一盏小油灯。他一个人躲在顶楼上，在微弱的灯光下，专心致志地看书学习，直到深夜才睡。在上学期间，高斯还写了许多"数学日记"，记录了他在解题时的新发现和巧妙的解法，后来，高斯18岁那年，他成功地解决了当时自希腊数学家欧几里德以来两千多年一直悬而未决的数学难题，轰动了整个数学界。

有人曾问高斯："你为什么在科学上能有那么多的发现？"高斯回答说："假如别人和我一样专心和持久地思考数学真理，他也会作出同样的发现。"

高斯成功的秘诀就是"专心致志，持之以恒"。他研究数学，总是坚持到底，他最反对的就是做事半途而废。当他在对一些重要的定理进行证明的时候，总是经过多种解决、证明的方法，并从中发现最简单和最有力的证明。当然，因为高斯如此持之以恒地钻研数学，为科学事业的发展做出了卓越的贡献。

生活中，一些目标不坚定、耐心不足的人，尽管他们接触了不同的工作，牵涉了不同的行业，但最终他们不会做成功任何一件事情，他们只是在寻求猎奇的过程中获得了满足，最终，他们将一事无成。相反，那些只做了一件事情，并坚持到底的人，他们在某个行业或某个领域达到了一定的高度，他们才是真正的工匠。

奋斗的激情岁月，再苦也是美好的时光

在我们的生活中，相信有很多人对于人生有着美好的规划，也付出了极大的努力，但是最终人生却一无所成，在失败和沉沦中庸庸碌碌。其实，这些人并非因为能力不足才与成功失之交臂，只是因为缺乏坚持的精神，最终在应该坚持的时候选择了放弃，从而导致自己与成功失之交臂，错失良机。

事实上，我们能在任何一名在专业领域内有所建树的工匠身上发现坚持这一品质，在他们看来，那些艰难的岁月，也许有人认为是煎熬，但他们却认为是最美好的时光。

乔布斯曾经说过，工作是人生中最重要的体验，坚持不懈地做好一件你认为具有非凡意义的工作，能够给你带来真正的满足感，而从事一份伟大工作唯一的方法，就是认真、敬业、执着、创新。

记得曾经有位记者采访百岁老人，问老人人生百岁的感触

和经验是什么。老人只说了一个字——熬。这个熬字，无疑道出了人生的真谛。的确，老人曾经是旧社会的小媳妇，遭受了无数的苦难，后来又经历了八年抗日战争，几次死里逃生，最后才来到了新社会，却已经人到暮年，很多事情都身不由己。即便如此，她依然熬过了人生百岁，成为了当之无愧的世纪老人和老寿星。熬过去，你就是人生的强者，此刻的一切艰难坎坷都会成为过眼烟云，人生也会进入顺遂的境地。

然而，我们发现，现代企业中的员工，在工作中缺少了“慢工出细活”的从容。放了三两枪没打着兔子，很容易就产生了换地方的念头，却忽视了经验的积累和机能的提升，这样的员工在企业里是很难受到提拔和重用的。

杰克是纽约某大报的记者，他大学毕业后，当了两年兵，然后就顺利地到一家不错的报社当财经记者，而且任何他要采访的对象，似乎都可以手到擒来。附带一提，由于杰克长得很帅，又是大报的记者，所以受到许多美女的青睐。

就在一切都很顺利的时候，杰克有一次与公司主管发生冲突，心里觉得很委屈。这时候，突然有一家小型报社想高薪聘请他，而且愿意让他主跑外地新闻。

杰克心想：“我在新闻媒体圈才工作了一年，就已经小有名气了。现在有人出高薪挖我，又让我跑自己喜欢的新闻，我为什么要留在这里受闷气呢？”于是杰克跳槽了。

杰克到这家小报社上班采访的第一天，怪事便发生了。原本可以立即顺利邀约采访的明星和大老板，都推说有事，要另外安排时间；而原本安排给自己出书的出版社，也突然说出版计划受到经济不景气的影响要暂停；甚至那个经常和他约会的美女，看到他新公司的招牌后，脸孔也换成一副欠她钱的样子。

刹那间，全世界都好像在跟杰克作对，变得不认识杰克这个人了。当然，杰克由于绩效不如预期，也时常遭受新老板的冷眼。

杰克应该郁闷，他不知道以前别人对他表现的尊重与喜爱，是因为他背后代表的大媒体招牌拥有的舆论力量，而不是因为他本身的专业才能与人际关系的积累。每一次跳槽，对一个人的实力都是一种检验，所以我们应该把工作的重心放在经验的积累与能力的培养上。如果仅仅因为偶然的冲突或一时的挫折就走人，表面上看来很潇洒，实际上却是感情用事的不理智的行为。换一个地方就可以大展拳脚的念头，只是自己的主观想法，而不一定就能通过实践的检验。

事实上，我们发现，在企业里，有这样一种现象，一个人工作十年，频繁跳槽，始终是个普通的员工，相反，那些在自己岗位上兢兢业业、坚持下来的人，成为了真正的工匠。可见，现代社会中的企业员工，一定要静下心来历练自己，多积累实力，即便工作枯燥，也要坚持下来，久而久之，你定会有所收获。

作为美国标准石油公司的大BOSS，洛克菲勒在获得成功之前，只是石油公司的小职员。当时，他刚刚进入石油公司，因为学历不高，也没有工作经验，因而只能从事最简单的工作——巡视并且确保储油罐盖已经自动焊接好。这个工作不但没有任何技术含量，而且非常枯燥，洛克菲勒每天必须不停地走来走去，盯着滴向储油罐盖的焊接滴剂。由于每天都要成百上千次地重复这项乏味的工作，他简直觉得自己的眼睛都快磨出老茧了。换作别人，也许早就辞掉这份工作了，或者就一直在储油罐旁孤独终老，无聊至死。然而，洛克菲勒却从这项乏味的工作中发现了契机，并且由此掀开了人生的新篇章，最终成为举世闻名的世界富豪，也成就了自己辉煌灿烂的人生。

原来，洛克菲勒无意间发现储油罐每旋转一圈，焊接滴剂会低落39滴。如此一来，焊接工作也就完成了。在有了这个发现之后，他始终在琢磨，假如能够在确保焊接成功的情况下，把焊接滴剂减少一两滴，岂不是积少成多，日积月累，一定能够极大地降低成本。当有人得知他的想法后，不由得对他的想法嗤之以鼻，认为这个问题根本没有意义，也不可能形成大的价值。洛克菲勒没有放弃，而是继续坚持观察，深入研究，最终他成功研制出35、36、37滴型焊接机，但是因为不能成功焊接，导致出现漏油情况，不得不以失败而告终。尽管没有得到任何人的支持，洛克菲勒依然排除万难，继续开始研究38滴型焊接机。这一次，他大获成功，这个机器很快投入生产，尽管每次只能节省一滴滴剂，最终却成功为石油公司节约了成本，使每年的利润增加了上亿美元。

正是凭借着坚持不懈的精神，洛克菲勒在遭遇失败的情况下也坚持熬着，最终熬来了成功，也获得了辉煌的人生。

对于这样一份枯燥乏味毫无技术可言的低端工作，洛克菲勒却认真对待，坚持不懈，最终才能有了常人说没有的发现，也由此打开了人生的新天地。任何时候，命运都掌握在我们手中，即便是在最艰难的时刻，接连遭遇失败的打击，洛克菲勒也从未放弃努力。假如我们也能拥有这样的坚持精神，人生一定会变得与众不同。

因此，我们每个人都要有一种偏执的工匠精神，哪怕职场逆境，也不要退缩也不要怯懦，熬过去，你就能够成为人生的赢家。

需要一点“偏执”，坐冷板凳也是一种匠人精神

生活中的人们，你是否遇到过这样的情况，你在工作上并不如意，对公司给你安排的职位不满意，或被上司安排到了闲职位置上，在这时候你该怎么办呢？

让我们看看下面这个例子。

很久以前，一位日本青年进了一家大公司，做了一个小职员，在平凡的工作中他发现公司存在许多问题，便不断给上层管理者写信，并提出自己的建议。然而，他的信如石沉大海，没有一点回音。可他并没有放弃，只要发现问题，他照样写信，照样提出自己的建议……十年后的一天，他终于有了回报，他被派到一个分公司担任经理，他工作非常出色，后来他当了这家大公司的总经理，而这家大公司就是世界著名的佳能公司。

很明显，这位日本青年就是坐热了冷板凳，而他身上体现出来的就是坚持到底的匠人精神，所谓的“冷板凳”，指的是受冷遇、不被重用、不得志的代名词。对身在职场中的人来说，都会有坐“冷板凳”的时候，关键是以何种心态对待“冷板凳”，能不能把“冷板凳”坐热，实现“山重水复疑无路，柳暗花明又一村”，重新坐到应得的位子上去。

不得不承认，被安排坐“冷板凳”，一定是有原因的，这是毋庸置疑的事实。作为当事者，与其抱怨与困惑，以致面对“冷板凳”束手无策，不如主动地分析其中原因，也许能改变自己的被动处境。

1.大环境发生变化

人说“时势造英雄”，很多人的崛起是由环境所造成的，因为他的个人条件适合当时的环境。可是，当时过境迁，英雄无用武之地，这时候他只好坐“冷板凳”了。

2.人才的重叠

同一专业、特长、喜好的人才多了，造成重叠，而岗位又有限，不可能都同时用上，总有人转干其他工作，从重要岗位上退居二线，导致有人成为坐“冷板凳”的人。

3.工作能力有限

只能做一些无关紧要的事，或者工作业绩毫无起色，但也没差到让人开除的地步。因此，领导感到此人可有可无，当然不可能重用此人了。当然，也有人是对自身真正实力、能力、经验估计偏高，并不适应自己想要干的工作，产生被遗弃、被轻视的失落感，自认为是坐上了“冷板凳”。

4.经常出错或错误严重

如果一个人总是出错，或者犯的错误太大，让单位遭受的损失太重，这样就会让领导对其失去信心，只好暂时将其搁置一边。

5.领导的考验

对于领导来说，有时培养一个人，除了让他做事以外，也要让他无事可做，一方面观察，一方面训练。这种考验事先不会让当事人知道，知道了就不算是考验。有的人确有能力，但放荡不羁，必须放在“冷板凳”挫其锐气；有的人自恃才高，目中无人，心高气傲，性格急躁，不顾全局，工作没有耐性，无法与其他人正常相处，无法贯彻全局一盘棋的思想，必须放在“冷板凳”上磨砺意志，让其修身养性。

6.人际关系的影响

人在职场，不能轻易得罪人，尤其不能得罪两类人：一类是领导面前的红人，一类是小人，两者都有可能把得罪他们的人推向“冷板凳”。

7.对领导有冒犯之举

宽宏大量的领导对下属的冒犯无所谓，但下属在言语或行为上的冒犯，如果惹恼了肚量小的上司，便有坐“冷板凳”的可能。作为下属，可以不知道领导喜欢什么，但是他讨厌什么一定要清楚，一定不能碰。

8.能力过强

下属能力如果太强，又不懂得收敛，经常抢领导的风头，让领导失去安全感，让领导感到不舒服，那么下属便会受到“冷藏”。

当然，除了以上几点之外，坐“冷板凳”的原因还有很多。当你坐了冷板凳后，一定要及时找到原因，而不是整天怨天尤人。然后，你需要调整自己的心态，将冷板凳逐渐坐热。这时候，你需要做的就是：

1.提高自身水平

坐冷板凳，正是你不被重用的时间，此时，你不妨利用空出来的时间多学习、提高工作水平，他日时来运转时，你也就能做到厚积薄发、一飞冲天，如果你自暴自弃，那么恐怕要坐到屁股结冰了，而且一旦出现对你不好的评价，你就很难有翻身的机会了。

2.建立良好的人际关系

有人说，墙倒众人推，当你坐冷板凳时，自然会有一些势利小人会趁机打击你。所以，你更应该广结善缘，不要表现自己以前如何如何强，因为所有的一切都已成为历史，对你现在是没有任何帮助的，而且“当年勇”也会使你坠入“怀才不遇”的情境中，徒增自己苦闷而已！

3.更加敬业

虽然你做的是小事，但也要一丝不苟地做给别人看！别忘了，很多人正冷眼旁观，不要让他们再抓到什么把柄。

从以上几个方面努力，即使你现在正在坐冷板凳，只要你坚持下来。那么，你也一定会将其“坐热”。不管你为什么会坐上冷板凳，你都要冷静下来，然后以此为磨炼自己的机会。你需要记住的是，任何工作，只要坚持下去，无论现状如何，最终会出现转机。

执着，就是从骨子里坚守做一件事

我们都知道，做成任何事，都需要很多素质，而其中执着也是成功必备的素质之一。我们可以说，执着是一种匠人精神，是一种在骨子里对一件事的坚守。倘若爱迪生发明电灯时没有坚持到最后一刻，在成功之前的那次失败就放弃了，那么他七千多次的实验就会前功尽弃，整个世界也会因此要延迟一段时间才能迎来光明。幸好他没有放弃，而是执着于自己的梦想，始终毫不气馁地面对失败，把失败作为成功的阶段，不断地实验、进取，最终获得成功。假如屠呦呦在研究治疗疟疾特效药的过程中遇到困难就退缩不前，那么她也无法成功提炼出青蒿素，更不可能因此获得诺贝尔奖。她在前进的道路上从未退缩，哪怕她和团队成员为了科学实验而身患疾病，她也依然从未放弃。正是这样的执着，才让她最终成功攻克了世界性难题，为全世界几百万身患疟疾的人群带来了福音和希望。由此不难看出，一切的成功都来源于执着，对梦想的执着，对理想的执着，对成功的执着。

的确，人生短暂，须臾即逝，我们每个人的时间和精力都有限，面对人生的众多选择，我们不可能鱼与熊掌兼得，如始终不能做到理智放弃，从而导致无数的琐事分散了我们的时间和精力，那么我们也许终将一事无成。比如我们看到，一些人学习知识，他们看到什么都想学，也都要学，却都浅尝辄止，最终导致自己什么都会一点，但是没有任何方面能够达到极致。如此一来，只能算是个平庸的人才，丝毫没有过人之处。

从本质上来说，任何一件简单的事情其实都不简单。因为一件事情即使看起来很简单，但是只要我们能够坚持不懈，始终去做，那么这样的简单就会在近乎固执的重复中变得伟大起来。正如前面我们所说的，一个人做一件好事并不难，难的是做一辈子好事，说的也正是这个道理。

事实上，我们敬仰的工匠们却做到了，他们在专业领域内的成绩，并不只是因为他们运气好，而是因为一心一意做好一件事，他们尽管平凡，却绝不平庸。在日常生活中，我们也要集中精力做好一件事，唯有如此好运才会不期而至，光顾我们的人生。

不得不说，很多人身上有这样一个缺点是：今天是这样一个目标，明天就是那样一个目标，后天又是一个目标，目标游离不定，最后一事无成。在这一点上，我们应该向非洲草原上的豹子学习。

一望无际的非洲草原上，一群羚羊自由自在、悠闲地嬉戏。突然，一只非洲豹向羊群扑去。羚羊受到惊吓，开始拼命地四处奔逃。非洲豹死死盯住一只未成年的羚羊，穷追不舍。

在追捕的过程中，非洲豹掠过了一只又一直站在旁边惊恐观望的羚羊，对这些挨得很近的羚羊像没看见一样，一次又一次地放过它们。终于那只未成年的羚羊被凶悍的非洲豹扑倒了，挣扎着倒在了血泊之中。

这只非洲豹为什么不放弃先前那只羚羊而去追其他离得更近的羚羊呢？那样似乎更容易得手？真是令人费解。其实，如果仔细想想，就知道这才是豹子的高明之处。大家都知道，羚羊最擅于奔跑，尤其是起跑速度非常快，试想如果豹子在追赶一只羚羊的途中改变目标，一会追这只，一会追那只，势必把自己搞得疲惫不堪，最后哪只也追不上，倒不如认准目标，拼尽全力紧紧盯住那只被追累了的羚羊，这样的逮到猎物的机会也是大大增加了。

所以说，你如果有了一个目标，就要坚定不移地、全力以赴地去完成它，有了这样的精神，相信任何人都可以有所成就。

在法国，流传着这样一个真实的故事：

在马赛，有个警官多梅尔，在他年轻的时候，他接了一个强奸案，一个女童被人强奸，他立志一定要抓住凶手，为此，他没日没夜地翻看资料，文件堆成了几米高，走遍了四大洲，打了三十多万次电话，行程80多万公里。

几十年来，他的心思一直放在这件事上，尽管他的家人不理解他，他的两任妻子也都离开了他，但是他一直坚持着。

时光荏苒，52年过去了，他终于得偿所愿了。那年，他已经是73岁高龄，有人问他："你这样做值得吗？"他说，一个人，一辈子只要做一件好事，就没有白过。

是的，一个人，一辈子只要做一件好事，就没有白过。这样目标明确又坚定的人怎么能不成功呢？这句话也可以这样说：一个人，一辈子只要认认真真做好一件事，就没有白过。

事实上，那些意志力坚强且做事认真专注的工匠们，在社会中一定能够占得重要的位置，并为他人所敬仰。他的言语行动，表现出有定力、有作为、有主见、有生命有目标，而又必求达到其目标。他坚定地朝着目标前进，就像疾驰的箭奔向箭靶的红心。在这样的一种意志之下，一切的阴影都会消融逝去了。目标的认清，意志的坚定，从这中间，是可以生出一种可以使人成功的力量来的。

同样，现代社会中的人们，也要做一行爱一行，用心做好手头事，有这份韧劲，那么，不论怎样费力、怎样费时，你都不会放弃、停止努力，你终会有所得！

优秀的匠人，都有自我克服困难的勇气

我们都知道，在生活和工作中，我们难免会遇到一些挫折和困难，一个人如果一遇到困难就畏惧，一碰到挫折就退缩，那么他必将一事无成。困难就像一个纸老虎，你若它就强，你强它就弱，你要相信的是，你能战胜它，你能找出解决问题的方法，把困难看轻一点，不放在眼里，认为它只是我们工作中

的一个小插曲，才会不怕事，才能把困难踩在脚下。

我们发现，那些一流的匠人，都有不屈不挠的坚韧精神，这一点，日本匠人堪称表率，日本从传统工艺品到现代制造业的家电、汽车等，其制作精美，功夫细腻，故障率极低，可以说是举世有目共睹，为人欣羡，日本自己亦颇为自豪。

日本工匠在行业内取得的令人尊敬的成就，很多人包括日本人自己，将这一成就归因于他们的匠人精神，这些工匠能做到全副精神投入，认真仔细，无论大事小事，一丝不苟，遇到难题，锲而不舍，精益求精，这才是日本工艺品制造业傲视全球的精神基础。

事实上，在我们周围，又有多少人是因为畏惧困难而放弃努力和奋斗呢?

日本三洋电机的创始人井植岁男，成功地把企业越办越好。有一天，他家的园艺师傅对井植说："社长先生，我看您的事业越做越大，而我却像树上的蝉，一生都坐在树干上，太没出息了。您教我一点创业的秘诀吧?"井植点点头说："行！我看你比较适合园艺工作。这样吧。在我工厂旁有2万坪空地，我们合作来种树苗吧！树苗1棵多少钱能买到呢?""40日元。"

井植又说："好！以一坪种两棵计算，扣除走道，2万坪大约种2万棵，树苗的成本是不到100万日元。3年后，1棵可卖多少钱呢?""大约3000日元。""100万日元的树苗成本与肥料费由我支付，以后3年，你负责除草和施肥工作。3年后，我们就可以收入每棵3000日元，共2万棵，应为6000万日元！到时候我们每人一半利润。” 听到这里，园艺师傅却拒绝说：“哇？我可不敢做那么大的生意！”最后，他还是在井植家中栽种树苗，按月拿取工资，白白失去了致富良机。

很多时候并不是你的能力不行，也不是你没有机会成就大事业，而是你信心不足，勇敢不够，骨子里成长着一种天然的惰性，一遇上困难就要协了，退缩了，放弃了。成功者不是这样，他们敢于与命运抗争，劲头十足，不断前进，直到取得自己满意的结果。

我们任何人，在工作中都会遇到一些问题，但先贤教育我们，困难都是纸老虎，千万不能被它吓得裹足不前。与在冷天游泳一样，当人们要进入陌生而困苦的环境时，有些人先小心地探测，以做万全的准备；但许多人就因为知道困难重重，而再三延迟行程，甚至取消原来的计划；又有些人，先一脚踏入那个环境，但仍留许多后路，看着情况不妙，就抽身而返；当然更有些人，心存破釜沉舟之想，打定主意，便全身投入，由于急着应付眼前重重的险阻，反倒能忘记许多痛苦。

杨润丹是美国杨氏设计公司的总裁，同时，她也是一位资深生活设计师。早年，她毕业于纽约大学的室内设计专业，后来在美国密歇根大学获得硕士学位。作为设计行业的领军人物，她已经从事设计工作三十年了，在工作中，她倡导创造高品质的生活，并将不同的潮流设计带入到室内外的设计中。与此同时，她所创造的品牌不断发展壮大，得到了越来越多人的支持与认可。

杨润丹是一个优雅恬淡的女子：细柔的言语、恬淡的笑容。不过，这仅仅是她的外表，在她的骨子里有着一份比男人更强的努力程度。在受传统思想影响的社会，一个女人想要做成事真的很难，她们往往比男人付出更多，却收效甚微。杨润丹说："我并不想做一个女强人，也不喜欢别人这样称呼我。在中国，大部分的女性都很优秀，而我只是找到了自己想要去坚持和努力的信仰，凭着那份坚韧与勤奋一步步走下去而已。"

早年，移居美国的杨润丹随着父亲第一次踏上中国，后来，由于设计便常常往返于中国与美国之间。随着对中国的熟悉，心有志向的杨润丹决定在中国成立工程公司。刚开始创业的时候，她不受父亲的资助，而是坚持自己努力。她白天做设计，晚上去工地检查、指导、学习，回忆那段辛苦的日子，她觉得一切都值得，因为自己成功了。

杨润丹说："一个女人在中国在北京，我们没有任何关系，一开始赔了很多钱，无数次的想背包回去不来了，在那会我还生病，可是我想这么多人跟着你，人家把工作给你，就是相信你，所以，我只能成功，不能后退。"杨润丹，这就是一个耐力与勤勉并行的女子，她心中的那份认真与耕耘，最终因努力而换得了最好的奖赏。

毋庸置疑，一个不够执着的人往往很难在事业上取得成就，他们总是因为各种各样的困难退缩，或者半途而废。只有执着于目标，也能够排除万难不断向前，我们的人生才是更加坚定的。执着就像工匠手上的雕刻刀，最终把人生雕刻成我们希望的样子，帮助我们顺利达到成功的彼岸。

第 11 章

让创新缔造传奇，匠人需要学“古”，也需要开创

在这个全民创新的时代，社会的发展日新月异，作为个人，也应该顺应时代的潮流，让自己不断地打破思维的界限，推陈出新，才能最终赢得远大的前程。可以说，创新是一个民族、一个国家进步的动力，倘若没有创新提供源源不断的力量，国家和民族就会停滞不前，最终也会失去竞争力。因此，新时代，我们对匠人精神也提出了新的要求——创新，新时代的匠人需要学“古”，也需要开创，对于我们自身来说，要想时刻创新，我们必须要突破自我、解放思维，将思维带入工作和实际生活中，在思考中催生创意，进而赢得机遇、获得成功。

脑力制胜的时代，匠人需要开创

我们都知道，从古到今，不管是国家繁荣，民族兴旺，还是个人的成功，无不是与创新思维有着密不可分的关系。简单地说，创新就是创造革新，这与墨守成规和因循守旧相对立。一个人若是想成大事，首先就一定要在思维上达到这样的一种程度，用新思维突破常规观念，超越自己的过去，超越他人。

当今社会更是一个脑力制胜的时代，谁的想法更高明，更有效，谁就更容易提升自己的价值，获得命运的垂青。因此，我们强调的匠人精神，在新时代也有了新的意义——开创，我们每个人，也应该调动自己的大脑，激发大脑潜能。很多时候，一个点子，花费不多，却拥有点石成金的力量。灵活的头脑和卓越的思维为我们提供了这种本领，深入洞察每一个对象，就能在有限的空间，成就一番可观的事业。

因出产夏普牌电视机闻名的早川电机公司董事长早川德次，很小的时候双亲就去世了，他在小学二年级时，就去一家首饰加工店当童工。但早川并不自暴自弃：在这世界上没有疼爱我的双亲，也没有关心我的长辈，我的处境比任何人都悲惨，但只要我努力生活，就不会输给别人。

他进首饰加工店之后，每天所做的工作就是照顾小孩、烧饭、洗衣服以及搬运笨重的东西。这样年复一年过了4个春秋，有一次他鼓起勇气对老板说：“老板，请您教我一些做首饰的手工好吗？”老板不但没答应，反而大骂道：“小孩子，你能干什么呢？你喜欢学的话，自己去学好了！”

从那以后老板叫他帮忙工作时，他尽量用眼睛看，用心学，这样一切有关工作上的学识和技能，全部是靠自己偷偷学来的。

他的勤奋与努力没有白费。18岁他就发明了裤带用的金属夹子，22岁时发明了自动笔。他有了发明，老板便资助他开了一家小工厂。这种自动笔很受大众喜爱，风行一时。30岁时，在他赚到1000万日元以后，就把目标转向收音机界，设立了平川电机公司。

每个人都有独立的思考能力，当你把这种能力转变为创意时，你的生活现状也许就会发生质的改变。商人说，创意无法标价，它实施后所创造的价值却是切切实实的。如果能用好创意，常常会达到事半功倍的效果。

有这样一个小故事，美国一个摄制组，找到一位柿农，表示要买他们的柿子。于是柿农找来了自己的同伴们，自己用带弯钩的长竿将柿子钩下来，同伴在下面用蒲团接住，一勾一接，配合默契，大家还相互谈笑风生，唱歌助兴，美国人把这些有趣的场景都拍了下来。临走的时候，那些美国人付了他们钱，却并没有拿走那些柿子。柿农都很奇怪，其实并不怪，因为他们就是靠这些纪录片来赚钱的，他们的目的并不是柿子，而是由柿子产生的信息产品，那才是真正值钱的东西。

农民们忙了一年所带来的财富，却远远不及这一段小小的纪录片。所以说，人不要仅仅凭着体力劳动或者技术来赚钱，还要学会思考，学会用自己的创意来赚钱。很多年轻人可能说我没有创意，没有创造新事物的能力。其实，创意不仅仅是创造新事物那么简单，他可以只是一个新鲜的想法，一种稍稍改良的做法，不要轻视这些微小的创意，也许他们就可以给你带来巨大的财富。只要你勤于思考，勇于尝试，就会有不俗的表现。

其实，创意起源常常是有心人的灵机一动，不需要经过严谨的学术训练和精密的理论论证。创意人人都有，但它更青睐于细心观察生活并随之跟进的人。卡耐基认为，创意是改变生活的加速器，它可以不是一件实实在在的产品，而是一种另辟蹊径的思维方式。思路决定财富并不是一句空话，如果有心要撬动财富的世界，改变自己的人生历程，创意就是你手中最有力的一根杠杆，它可以影响人生的成就和财富的流向。

“超人”剃须刀在中国闻名遐迩，占据中国电动剃须刀中市场的21%，但是鲜少有人知道超人的创业之路多么艰辛。

开始的时候，“超人”的创始人应家兄弟是做电器配件的，有一次大哥到山西出差，看到人们在排着队买电动剃须刀，于是就特意到上海买了一个回来，大家都觉得这个东西很好，很有市场，于是决定做电动剃须刀。

几个兄弟开始了繁忙的联系业务，但是订单有了，生产的事情却让他们大伤脑筋：当地的塑料加工工艺没有优势，很多零件要到全国各地去采购，增加了成本，不但如此，因为没有经验，他们生产出的剃须刀在质量上还出现了问题，但是即便如此，他们也没有放弃，他们又一次从市场、技术等方面进行调查分析，并找到问题的突破口——刀片，开始了自己的事业。而今，“超人”与飞利浦、博朗、松下并列全球四强。

可见创意对于创业固然重要，但是最重要的还是尝试的勇气，只要有勇气进行尝试，就有可能用自己的方式创造财富。勇气就是年轻人最大的财富，最大的力量，我们要谨记此点，用勇气来开创自己全新的人生。为此，我们需要记住的是：

1.学会改变思想

上帝在关上一扇门的同时，会为你打开另一扇门。当我们过着熟悉的生活的时候，总是害怕会被改变，但是，许多灾难、横祸是无法阻挡的，唯有改变的是我们的思想，以及我们内心的胆怯。不要去在乎自己失去了什么，哪怕是工作、房子、信用卡，无论我们的生活发生了怎么样的巨变，我们都可以从头开始自己的人生，甚至，你会重新登上新的高度。

2.拥抱新思想

新思想是击破思维定式的有效武器，无论是在思考的开始，还是在其他某个环节上，当我们的思考活动遭遇了障碍，陷入了某种困境，难以再继续下去的时候，你需要思考一下：自己的头脑中是否有了固有思想在起束缚作用，自己是否被某种思维定式捆住了手脚？

条井正雄：身无分文盖大楼

在手工业时代，工匠们的手艺是赖以生存的本钱，用心做手艺的就是人才，当我们进入市场经济、知识经济时代的时候，我们靠的是头脑。为此，我们说，新时代对工匠们提出了新的要求，工匠需要学古，也要开创，要带着头脑工作，要在思考中催生创意。

思维是一切竞争的核心，因为它不仅会催生出创意，指导实施，更会在根本上决定成功。它意味着改变外界事物的原动力，如果你希望改变自己的状况，获得进步，那么首先要从改变思维开始。

在我们的头脑里往往有一个误区，以为在现代社会中要想做出一番成绩，都要以足够的物质基础为后盾。事实上，只要头脑灵活，感觉敏锐，就可以一鸣惊人，对此，日本的条井正雄就走到了身无分文盖大楼，堪称创意思维的经典。

日本冈山市有一栋非常漂亮气派的5层钢筋水泥大楼。这栋大楼就是条井正雄所拥有的冈山大饭店。然而，谁也没想到，这位当年身无分文的条井却盖起了这栋大楼。

条井以前是一个银行的贷款股长，一直负责办理饭店、旅馆业贷款的工作。十年的工作，使他不知不觉成了一个对旅馆经营知识十分丰富的人，这时他心里自然也产生了经营旅馆的欲望。为了求得更完善的方案，他实地做过精密的调查，调查结果是来冈山市的旅客，有97%是为商务而来的。然后，他又在公路边站了三个月，调查汽车来往情况，发现每天汽车流动有900辆，每辆车约坐2.7人，然而当时，冈山市的旅馆却没有一家有像样的停车场设施。他想，将来新盖的饭店，必须具有商业风格，而且附设广阔的停车场，以此来吸引旅客。他又花费1年时间，制成几张十分阔气的饭店设计图纸和一份经营计划书。抱着试试看的心情到冈山市最大的建筑公司碰运气。一位主管看了他的设计后，问条井：

“你准备了多少资金来盖这栋大楼？”

“我一分钱也没有，我想，先请你们帮我盖这栋大楼，至于建筑费等我开业之后，分期付给你们。”条井泰然自若地回答。

“你简直是在白日做梦，真是太天真啦，请你把这个设计图拿回去吧！”

“这几张图纸和计划书是我花了两年时间搞成的，我认为很完整。请你们详细研究，我以后再来讨教！”条井没有说更多的话，把设计图丢在那里，掉头就走。

半个月后，奇迹发生了，这个建筑公司约他去面谈。该公司的董事和经理济济一堂，从上午8点到下午4点，一个接一个地问话，各式各样的提问，那种场面真令人心惊肉跳。然而，难已令人相信的事终于发生了。建筑公司决定花2亿日元替这位身无分文的先生盖饭店。

一年后饭店落成了，条井成了老板。这就是创意所带来的巨大成功。

现代人提倡“智慧创业”“思考致富”，以前我们总说思想是一笔宝贵的精神财富，其实在这个时代，思想不仅是精神财富，还是可以物化的有形的财富，很多时候是可以标价出售的。一个思想可能催生出一个产业，也可能让一种经营活动产生前所未有的变化。

然而，我们不得不说，人总是有其固有的传统思维，而想摆脱传统陈旧思维方式的束缚并不是件容易的事情，因为传统思想观念像影子一样深藏在人们的心灵深处，不为人们所察觉，但它却严重地影响着人们的言谈举止和行为方式。这些传统的思维方式阻碍着你的变通思维，使你在行走社会时感觉到做很多事都困难重重，感觉成功离你是那么遥远，但是如果你能转换思维方向，变通地看待一切，变换你的处事方式，你就会发现，你不再寸步难行，很多事情都能轻而易举办好，成功与你也是前所未有地接近。

俯看芸芸众生，大多数人都很难实现自己的人生突破，很难获得重大的成功，其中一个不可小觑的原因，就是一般人都难以摆脱自己的知识和经验所形成的思维定式的束缚。很多人走不出思维定式，所以他们走不出宿命般的可悲结局；而一旦走出了思维定式，也许可以看到许多别样的人生风景，甚至可以创造新的奇迹！

要想在事业上有所进展，就必须学会突破已有的知识和经验，只有转换自己的思维和改变自己的想法，才能迎来一番新境界。

因此，生活中的人们，从现在起，当你的思维活动遇到障碍，陷入困境，难以再继续下去的时候，往往都有必要认真检查一下：我们的头脑中是否有某种定势思维在起束缚作用？我们是否应该换个角度去看问题了？

固定的思维方式容易把人的思维引入歧途，也会给生活与事业带来消极影响。要改变这种思维定式，需要随着形势的发展不断调整、改变自己的行动。任何一个有创造成就的人，都是战胜常规思维的高手。

而实际上，一个人的思考陷入某种定势思维大都是不自觉的，而要摆脱和突破这种定势思维的束缚，常常需要自觉地付出努力。为此，需要我们做到以下几点：

1.培养自己的创新能力

年轻人应该保持对未知事物的好奇心，做到博学而不浮躁，专注而不死板，打下良好的基本功才能有所创新。

2.展开想象的翅膀

在这个科技飞速发展的社会，没有什么是不可能的。没有做不出来的东西，只有想不出来的东西。只要你敢想，就能变成现实。

3.不断地尝试

很多新事物都是在不断的尝试中摸索出来的。鲁迅有一句名言：“其实地上本没有路，走的人多了，也便成了路。”我们寻找道路的过程，实际上就是不断尝试的过程。在尝试的过程中，必然会面临很多的挫折，千万不要被挫折打败。

我们要欣然面对失败，并且坚持自己的想法，哪怕只是为了验证这些想法并不可行，一遍又一遍，直到最终发现自己的想法原来是行得通的。我们在尝试中总结经验，不断进步，而任何事情，浅尝辄止是不会有所成就的。

本田：将引擎与自行车结合的创意

前面，我们分析过匠人精神的精髓——坚持、忍耐、精益求精，这是一种来自日本古代手工业者的工作态度，但这一精神在新时代依然需要被传承，不过，我们要认识到的是，工匠精神不仅需要学“古”，也需要开创，开创就是创新，所谓创新，是另辟蹊径，就是另外开辟一条道路，一条别人没有走过的属于自己的道路。一个人要想获得成功，就要积极思考，打破常规，走在别人前面，在这一点上，有突出成就的，就有日本的本田公司。

世界摩托车销量中，每4辆就有1辆是“本田”产品，从这个数字里可以看出，“本田”的销售网是何等之大。不过如此庞大的销售网，是从日本的自行车零售商店开始起步的。

1945年，“二战”刚刚结束，本田宗一郎弄到500个日本军用的小引擎。他将这些小巧的引擎安到了自行车上，结果这种改装的自行车非常畅销，500辆很快就售完了。

本田由此发现了摩托车的潜在市场，成立了“本田技研工业株式会社”，决定开创摩托车事业。

一批批可以装在自行车上的“克泊”牌引擎生产出来了，可是，光靠当地的市场是容纳不了的。本田宗一郎面临着如何将产品推销出去的问题。

本田找到了新的合伙人，他叫藤泽武夫，过去是一位对销售业务自有一套的小承包商。

当本田与藤泽商量如何建立全国性的销售网时，藤泽建议说：“全日本现在约有200家摩托车经销店，他们都是我们这样的小制造商拼命巴结的对象，一向心高气傲。如果我们要插入其中，就得损失大部分的利益。”

“但同时，你不要忘记，全国还有55000家自行车零售商店，”藤泽接着说，“如果他们为我们经销‘克泊’，对他们来说，既扩大了业务的范围，增加了获利渠道，同时又有刺激自行车销售的好处，加上我们适当的让利，这块肥肉他们会吃的！”

本田一听，觉得是条妙计，便请藤泽立即去办。

于是，一封封信函仿佛雪片般地飞向遍布全日本的自行车零售商店。信中除了详尽介绍了“克泊”引擎零售价25英镑，回扣7英磅给他们。

两星期后，13000家自行车商店作出了积极的反应，藤泽就这样巧妙地为“本田技研工业株式会社”建立了独特的销售网。

本田产品从此开始进军全日本。

可见，成功是“想”出来的。人不但要养成思考的好习惯，同时还要扩展思考的范围，开阔思路，扩展思维，这样才会更好地、更大限度地获取有益的信息。

我们强调的创新，是建立在对原有概念的怀疑基础上的，历史不止一次地证明，当某些伟大的独立的思想家们怀疑现状的时候，进步也由此产生了。

事实上，那些优秀的工匠们从不循规蹈矩，他们试图从不同的角度来改变现状。斯蒂夫·乔布斯、乔治·伊斯特曼、伊撒克·辛格分别打破了计算机、照相机和缝纫机不能供家庭使用的“定论”，从而在各自的领域开创了大众消费的历史。福瑞德·史密斯则打破了只能通过邮局才能邮寄东西的“定论”，他最终创建了联邦快递公司。

每一种文化、行业和机构都有自己看世界的方式。新的观念、好的主意常常来自冲破习惯的思想疆界，把目光投向新的领域。正如罗伯特·怀尔物所说：“任何人都能在商店里看时装，在博物馆里看历史。但是具有创造性的开拓者在五金店里看历史，在飞机场上看时装。”

世间万事万物都是相互联系的，人们掌握的知识也是多门类多学科的，因此，面对一个思维对象，不能更不必局限于传统习惯，死守一个点。单兵作战毕竟力量太孤单了，假如拓展开去，到思维对象之外找个帮手，合力作战，不就是威力强大了吗？

在漫长的人生路上，多数人就像在磨道里拉磨一样，永无休止地在这个环形道上走着，走完一圈再走下一圈，无休止地重复、无休止地走动，直到生命的最后一刻。也有一些聪明人，他们不甘于在这种环形路上重复走下去，他们另外开辟了一条路子。于是他们走出了圈外，于是他们看到了大千世界的更多的别人没看到的事物，得到了别人没有得到的东西。相比之下，他们的见识超过了常人，他的财富超过了常人，他便成了成功者。这就是再找一条路子的好处。

当某个人在新开辟的路上走向成功之后，人们便认为这是一条成功之路。所以很多人都挤向这条路，由于人多的缘故，此路便形成堵塞现象。这时候，聪明人总是能够再找一条路子，由于这条路是新开辟的，多数人还不认识这条路，所以畅通无阻，因此聪明人又先一步到达了成功的终点。等多数人再到达期望终点时，成功的果实已被摘走。

要做到这一点，其实并不是十分的困难，有志于创新的人，完全可以从日常生活开始，有意识地培养和训练自己的创新思维。并且，你还要经常表达自己的想法。如果你有了想法，不管是什么样的想法，你都应当表达出来。如果是独自一人，你就对自己表达一番；如果你身处群体之中，不妨告诉其他人共同进行探讨。

总之，创造力来源于独辟蹊径的思维，循规蹈矩的心境里也没有创造力。你想要有创造力，就必须开拓思维，重视那些异乎寻常的思维和方法。

换个角度思考，就是一种创新

生活中，对于每个正在努力的人来说，谁都希望自己在人生的路上少走一些弯路。可是，世间事物千奇百怪，变化莫测，现代社会更是瞬息万变，人生之路走的是否顺畅，这就要看你是否能打破单一的思维方式，从另一个角度去思考问题。倘若如此，一切就会豁然开朗。

的确，思路一变天地宽，很多时候，在我们看似无路可走的情况下，只要你能转换思考的角度，你就能找到出路。

某时装店的经理不小心将一条高档呢裙烧了一个洞，其身价一落千丈。如果用织补法补救，也只是蒙混过关，欺骗顾客。这位经理突发奇想，干脆在小洞的周围又挖了许多小洞，并精心修饰，将其命名为“凤尾裙”。一下子，“凤尾裙”销路顿开，该时装商店也出了名。

这就是思维的变化带来了可观的经济效益。无跟袜的诞生与“凤尾裙”异曲同工。因为袜跟容易破，一破就毁了一双袜子，商家运用逆向思维，试制成功无跟袜，创造了非常良好的商机。

可见，我们每个人，都应该学会转换思维，如果一味地走别人走过的老路、毫无创新的话，那么，你也只能复制出别人的未来；而如果你寻找到属于自己的路，那么，你的未来就是美好的。事实上，无论做什么，都是这个道理，都要有灵光的头脑，善于创造性思维，不能钻牛角尖。

有一家大公司的董事长即将退休，他想物色一位才智过人的接班人。经过一段时间的观察，他最后挑出了两位人选——约翰和吉米。因为他们都很精通骑术，老董事长便邀请二位候选人到他的农场做客。当他们到来时，老董事长牵着两匹同样好的马走了出来，说：“我知道你们二人都很善于骑马，这有两匹很好的马，我要你们比赛一下，胜利者将成为我的接班人。”

他把白马交给了约翰，把黑马交给了吉米。这时，老董事长开始宣布比赛的规则：“我要你们从这儿骑马跑到农扬的那一边，然后再跑回来。谁的马跑得慢，也就是后到目的地，谁就是胜利者。”

听了这话，约翰突然灵机一动，迅速跳上了吉米的黑马，然后快马加鞭地向前急驰而去，他自己的马却留在了原地。吉米感到约翰的举动很奇怪：“咦！他怎么骑了我的马呢？”当他终于想通了是怎么一回事时，已经太晚了。他的黑马遥遥领先，无论怎样追也追不上了。

结果，吉米的马最先到达终点，他输了。

老董事长高兴地对约翰说：“你可以想出有效的创新办法，能出奇制胜，证明你有足够的才智来接替我的位置，我宣布，你就是下一任董事长了！”其实，人的智商是没有多大差别的，关键在于谁更能运用自己的思维，在于谁能将问题转换到另一个角度。会思考的人才是最终的赢家。故事中的约翰就是个善于打破常规思维的人，他用逆向思维赢了几米。

因此，我们任何人都要经常变动自己的脑筋，在生活中要勤于思考，善于变通，对于一些别人解决不了的问题，可以换个思路去解决；对于别人想不到的事情，我们要努力想到并实现。会变通的年轻人才能在通往成功的路上排除万难，最终获得成功。

我们生活中的每个人，都要明白，很多时候，换一条路，我们会看见不一样的风景。现在的你也许怀揣满腔抱负，希望可以有所成就，可是，也总是有很多人狭隘地认为，成功靠的是努力，努力就有收获。诚然，一个人的成功要靠努力，可是不用大脑的努力是不会迎来成功的，其实，有时候，只要我们稍微转换一下思维方式，问题的解决根本不必要那么麻烦，这就是思维决定命运。

匈牙利在20世纪40年代发明了圆珠笔，由于它易于书写和便于携带，所以一经问世便风行全球。这位匈牙利的发明家为此发了财。然而好景不长，这种圆珠笔使用一段时间就会出现漏油的毛病，弄脏了纸张及衣袋。因此，圆珠笔上市一两年后就出现了销售危机。

圆珠笔发明者及很多研究圆珠笔的人对于漏油问题都反复进行了深入的研究，大家都发现毛病出在笔珠书写时受到磨损，墨油就跟随磨损部位漏出来。很多人为此绞尽脑汁，却毫无发现，因为大家的注意一直停留在笔珠的研究上，拼命在提高笔珠的耐磨性上做文章。当他们把笔珠的耐磨性改善后，笔珠与笔杆接触的耐磨问题冒出来了，而此问题一直没得以解决。

在日本人中田藤三郎的眼中，圆珠笔是个很有发展前途的商品，假如能改进它的漏油问题，将会获得比匈牙利发明者更大的财富。于是他也投入该难点的研究。中田分析了圆珠笔的结构及出毛病的原因，也总结了许多人对改进漏油问题的失败经验，最后，他采取逆向思维，获得了防止圆珠笔漏油的方法。所以，中田一举占领了世界圆珠笔市场，获得了远比匈牙利的发明者更多的财富。

中田的做法其实很简单，他是在笔芯上做文章。他通过反复试验，统计当圆珠笔写到多少字后就漏油，在掌握这个数量的基础上，他着手把笔芯的装油量减少，减少到圆珠笔磨损在开始漏油之后，芯子中的笔油已经用完了，这样，再也无油可漏了。笔芯的油用完了，可换枝笔芯，圆珠笔可继续使用。就这样，中田没有被常人思考的框框套住，因此巧妙的解决了难题。

创新是人类社会进步的客观要求，而要摆脱和突破一种思维定式的束缚，常常都需要付出极大的努力。无论是在创新思考的开始，还是在其他某个环节上，当我们的创新思考活动遇到了障碍，陷入了某种困境，难以再继续下去的时候，往往都有必要认真检查一下：我们的头脑中是否有了某种思维定式在起束缚作用？我们是否被某种思维定式捆住了手脚？

实际上，“只有看到别人看不到的东西的人，才能做到别人做不到的事”。敏锐的思维方式为我们提供了这种本领，摆脱传统思维模式的束缚，深入地洞察每一个对象，就能在有限的空间、有限的资金条件下，成就一番可观的事业。

求新求变，突破自我

提到创新，我们首先想到的是一个新方法或一种新产品，但这还不是创新的全部。真正的创新，是自身的改变，是理念的创新，在创新中，是否拥有注重创新的观念和勇于创新的个性至为关键。换句话说，就是在创新的过程中，人，才是根源。

事实上，勤勤恳恳、埋头苦干的敬业精神很值得提倡，也是匠人精神的重要方面，但这并不意味着我们要因循守旧、墨守成规，相反，越是爱岗敬业，越是要寻找提升工作效率和效能的创新方法。

五年前，李先生在一家台资企业做事。他们的老板不但是个在多国拥有众多公司的大企业家，同时还是个教授，是学者型商人，既有很好的经济头脑，又有很高的学术成就。李先生就是冲着这一点，进了他的公司。由于李先生勤奋肯干，老板很快就提拔他做了部门经理，专管家具的销售。他也一直做得没什么差错。

有一次，公司进了一套家具，标价是20万元。可不知为什么，放了4个月都没有一个人问过价。好不容易有一天，一位顾客一进来就看中了这套家具，问了价格后，就一直想压低点，问李先生，18万元卖不卖。李先生也很想把这套家具出手，可是老板只给了他1万元钱的浮动权限，偏偏那位顾客也固执，说18万元不行就不买了。僵持了好久，李先生想打电话找老板请示一下，可老板去国外出差了，手机也关了，他不敢擅自做主，这笔生意就这样黄了。

过了两天，老板回来，李先生汇报了这件事。老板有些不悦，他说："你没看到现在这套家具已经很难脱手了？你应该知道我的心理，既然4个月没人问，就说明这套家具已经没有什么卖点了，应该越早脱手越好。别说18万元，就是17万元你也应该卖的，不然，下次连16万元恐怕都没人要了。”

李先生有些委屈地低着头，心想：我哪有那么大的胆子呀。看见他的样子，老板宽厚地笑笑，说：“算了，先开车送我，我们一起去吃饭吧。”

他们上了车，李先生发动了车子，路上的车子很多还有雾，走得有些慢。过了十几分钟，雾越来越大，路况都看不太清了。老板倒不着急，他问李先生：“在这样的大雾天气开车，你怎么样才能走得更安全？”李先生说：“只要跟着前面车子的尾灯，就没什么事。”老板沉默了一会，突然问：“如果你是头车，你该跟着谁的尾灯呢？”

李先生听了，心中一阵震动：是呀，如果自己是头车，又有谁会给自己指路？

我们固然提倡勤恳的工作态度，但必须注意效率，注意工作方法。有很多人表面上工作认真、兢兢业业，但忙忙碌碌一辈子也没干出多少成绩，这和他缺乏必要的开拓精神和创新精神有直接的关系。

如果你毫无自信，优柔寡断，丧失远大志向，不敢超越环境和自我，那么你的生活就可能一直黯淡无光。生活中美好的事物历来只和敢于正视现实、迎接挑战、战胜危机的人结伴同行。如果一个人不想断送自己的一生，那么就应该有所作为，有所突破，在征服困难的同时证实自己。

有人形象地将商场比作战场，商业活动就是商战。既是战场，那么形势肯定瞬息万变，谁也不能准确地预测下一步将要发生什么。所以最终的胜利，应该属于善于摆脱依赖性，努力实现自己独立性的人。能根据当前的形势和环境迅速作出判断，决定自己下一步动作的人，已经算是拥有创新思想的一流人才。而真正具备潜力的人，往往能够未雨绸缪，时势未变自己先变，永立于不败之地。

“二战”爆发前，鲍洛奇还只是一个默默无闻的小职员。但随着战争的爆发，鲍洛奇却迎来了事业发展的机遇。

战争给普通人的生产和生活带来的影响是十分巨大的。由于市场衰落，运输行业陷于停顿，生活用品的供应十分紧缺，在一些地方新鲜蔬菜也很难买到。有一天，鲍洛奇听说有些日本侨民在花园里生产古老的东方蔬菜豆芽，作为一个敏感的商人，他对此产生了极大的兴趣。他来到这群神奇的东方人中间，仔细观察他们怎样发豆芽。

鲍洛奇像哥伦布发现了新大陆一样，高兴得手舞足蹈，手上的生意也不做了，连夜赶回杜鲁茨，找到他的伙伴贝沙，兴奋地告诉他自己的“伟大发现”，并宣称这一“发现”将带来数不尽的财富。贝沙对此并不理解，认为鲍洛奇有些异想天开。鲍洛奇耐心地告诉贝沙他对豆芽菜的看法：现在正值战争期间，食品供应紧张，新鲜蔬菜的运输尤其困难，豆芽菜的生产不受地点和气候的影响，又很有营养，成本也不高，是最理想的替代品；况且，美国人最喜欢猎奇，具有悠久历史的东方食品豆芽菜本身就极富神秘色彩，再加上广告宣传的影响，肯定会引起人们的兴趣。如果豆芽菜的生产做开了，还可以在口味和原料上加以变化，形成一个系列，甚至还可以推出一个东方食品家族来。一般人是想不到这点的，所以还应该在这上面动脑筋，会收到意想不到的好效果。鲍洛奇说服了贝沙，开始做豆芽生意。他从这个“伟大的发现”开始，按照自己的设想一步一步走下去，竟然真的成了“东方食品大王”。

要想成功，必须另辟蹊径，另找一条路子。不能随波逐流，要摆脱跟随的习惯。

可见，我们强调的匠人精神，并不是一味地在产品设计或者服务项目上作文章，它不单可以是一种经商的新窍门或者对传统方法的更新，它还是指用一种不同的方法表达自己的思想，用一种新方式处理老问题，用自己的创造性和竞争力去提升能力和技能。

参考文献

[1]后藤俊夫.工匠精神：日本家族企业的长寿基因[M].王保林，周晓娜，译.北京：中国人民大学出版社，2018.

[2]王振华.工匠精神：激活生命价值的源动力[M].北京：北京时代华文书局，2017.

[3]李世强.工匠精神：企业需要工匠的传承[M].广州：广东经济出版社有限公司，2016.

[4]张小强.匠心智造[M].广州：广东人民出版社，2018.